环境监测技术

朱丹 徐岩 纪传伟 编著

化学工业出版社

·北京·

内容简介

本书主要介绍环境监测方面的知识，包括水样采集处理、水中金属和非金属污染监测、水中有机化合物和生物监测、空气监测网络布点、空气污染物监测、空气能见度测定、固体废物样品采集和有害物质监测、土壤样品采集和污染物测定、噪声监测、电离辐射监测、电磁辐射监测、生态环境遥感监测、生态环境质量控制与保证等。

本书适合从事环境监测人员、环境科学与工程相关专业师生参考。

图书在版编目（CIP）数据

环境监测技术／朱丹，徐岩，纪传伟编著. -- 北京：化学工业出版社，2024. 11. -- ISBN 978-7-122-30643-2

Ⅰ. X83

中国国家版本馆 CIP 数据核字第 2024JH5438 号

责任编辑：彭爱铭　　　　　　装帧设计：韩　飞
责任校对：宋　玮

出版发行：化学工业出版社
　　　　　（北京市东城区青年湖南街 13 号　邮政编码 100011）
印　　装：北京天宇星印刷厂
710mm×1000mm　1/16　印张 14¼　字数 238 千字
2024 年 11 月北京第 1 版第 1 次印刷

购书咨询：010-64518888　　　　　售后服务：010-64518899
网　　址：http://www.cip.com.cn
凡购买本书，如有缺损质量问题，本社销售中心负责调换。

定　　价：68.00 元　　　　　　　　　　　　　　版权所有　违者必究

前言

　　环境监测技术是准确、及时、全面地反映环境质量现状及发展趋势的手段，也是综合运用化学、生物、物理等多种仪器与方法对环境污染因子进行采集、处理与分析测试，从而获得反映环境污染或环境质量信息的科学技术。其能够为环境科学研究、环境规划、环境影响评价、环境工程设计、环境保护管理和环境保护宏观决策等提供不可缺少的基础数据和重要信息。同时，环境监测与治理防护是环境保护工作的基础，是执行环境保护法规的依据，是污染治理及环境科学研究、规划和管理不可缺少的重要手段。基于此，作者在参阅大量相关著作的基础上，精心撰写了《环境监测技术》一书，以期为环境监测的有效开展提供有益的借鉴。

　　本书包括六章内容。其中，第一章为绪论，对环境监测、环境问题与保护的相关内容进行了具体阐述；第二章对现代水与废水环境监测的基础知识进行了深入分析；第三章系统论述了现代空气与废气环境监测的相关知识；第四章对如何进行固体废物与土壤环境监测进行了详细分析；第五章对噪声与辐射环境的监测进行了具体研究；第六章对现代生态环境遥感监测技术与质量控制的相关内容进行了详细分析。本书在具体的阐述过程中，注重内容条理明晰，结构明了，逻辑严谨，叙述脉络清楚，力求做到规范性、学术性和前沿性，对于环境监测的有效开展具有重要的参考意义。

　　本书在撰写过程中，参考了环境监测方面的相关著作和一些专家学者的研究成果，在此一并表示衷心的感谢。由于时间仓促，作者水平有限，书中难免存在错误与疏漏，恳请各位专家、学者不吝批评指正，欢迎广大读者多提宝贵意见，以便本书日后的修改与完善。

编著者

2024 年 1 月

目录

第一章　绪论 —————————————————————— 001

　第一节　环境监测概述 ·· 001

　　一、环境监测的含义 ·· 001

　　二、环境监测的目的 ·· 002

　　三、环境监测的特点 ·· 002

　　四、环境监测的类型 ·· 003

　　五、环境监测的原则 ·· 006

　　六、环境监测的技术 ·· 007

　第二节　环境问题与环境保护 ·· 009

　　一、环境问题 ··· 009

　　二、环境保护 ··· 014

第二章　现代水与废水环境监测 ——————————————————— 018

　第一节　水质监测方案与水样采集处理 ·· 018

　　一、水质监测方案 ·· 018

　　二、水样采集处理 ·· 027

　第二节　金属与非金属污染物的测定 ··· 043

　　一、金属污染物的测定 ··· 043

　　二、非金属污染物测定 ··· 053

　第三节　水环境中有机化合物的测定 ··· 058

　　一、化学需氧量的测定 ··· 058

　　二、总有机碳的测定 ··· 064

　　三、高锰酸盐指数的测定 ·· 065

四、生化需氧量的测定……………………………………………………… 066

　　　五、总需氧量的测定………………………………………………………… 070

　第四节　水环境生物监测…………………………………………………………… 070

　　　一、水环境生物监测的方法………………………………………………… 070

　　　二、水环境生物监测方法的应用…………………………………………… 071

　第五节　地表水水质指标测定……………………………………………………… 072

　　　一、水样水温的测定………………………………………………………… 072

　　　二、水样浊度的测定………………………………………………………… 074

第三章　现代空气与废气环境监测 —— 076

　第一节　监测网络布点与采样……………………………………………………… 076

　　　一、空气与废气监测网络布点……………………………………………… 076

　　　二、空气样品的采集………………………………………………………… 080

　第二节　气态无机污染物与有机污染物测定……………………………………… 093

　　　一、气态无机污染物的测定………………………………………………… 093

　　　二、气态有机污染物测定…………………………………………………… 110

　第三节　大气污染源监测与大气水平能见度测定………………………………… 115

　　　一、大气污染源监测………………………………………………………… 115

　　　二、大气水平能见度测定…………………………………………………… 127

　第四节　空气中有害物质监测与空气质量连续自动监测………………………… 131

　　　一、工作场所空气中有害物质的监测……………………………………… 131

　　　二、空气质量连续自动监测………………………………………………… 134

第四章　固体废物与土壤环境监测 —— 140

　第一节　固体废物样品采集………………………………………………………… 140

　　　一、固体废弃物的基本认知………………………………………………… 140

　　　二、固体废弃物样品的采集………………………………………………… 142

　第二节　固体废物有害物质监测…………………………………………………… 146

一、pH 值的测定 ·· 146

　　二、总汞的测定 ·· 147

　　三、氰化物的测定 ·· 149

　　四、急性毒性的初筛试验 ······································ 150

第三节　土壤环境质量监测方案 ······································ 151

　　一、确定监测目的 ·· 151

　　二、调研收集资料 ·· 152

　　三、确定监测项目 ·· 153

　　四、合理布置采样点 ·· 153

　　五、采集与制备样品 ·· 155

　　六、分析测试土壤样品 ·· 155

　　七、数据处理 ·· 155

第四节　土壤样品采集与金属污染物的测定 ···························· 156

　　一、土壤样品的采集 ·· 156

　　二、金属污染物的测定 ·· 161

第五章　噪声与辐射环境监测 ———— 165

第一节　噪声检测 ·· 165

　　一、噪声的基本认知 ·· 165

　　二、声环境质量监测 ·· 169

　　三、工业企业的噪声监测 ······································ 175

第二节　辐射环境监测 ·· 176

　　一、辐射环境监测的含义 ······································ 176

　　二、电离辐射环境监测 ·· 176

　　三、电磁辐射环境监测 ·· 183

第六章　现代生态环境遥感监测技术与质量控制 ———— 189

第一节　生态环境遥感技术与监测 ···································· 189

一、遥感技术的基本认知 …………………………………………… 189
　　二、生态环境遥感监测 ……………………………………………… 194
　第二节　生态环境质量控制与保证 ………………………………………… 206
　　一、生态环境质量控制与保证的含义 ……………………………… 206
　　二、生态环境质量控制与保证的原则 ……………………………… 207
　　三、生态环境监测中质量控制的技术环节 ………………………… 208
　　四、生态环境监测中质量保证的措施 ……………………………… 217

参考文献 ──────────────────────────── 219

第一章

绪 论

人类当今面临的最严峻的挑战之一，便是保护和恢复已经严重退化而且还在日益退化的环境。环境退化的一个标志就是普遍的空气污染、水污染和土壤污染等。人为造成的大规模环境灾害不断发生，有的已发展成为危及人类生存与发展的全球性问题。因此，必须正视、重视环境问题，做好环境监测与保护工作。

第一节 环境监测概述

一、环境监测的含义

作为环境科学一个分支学科的环境监测，是随着环境问题的日益突出及科学技术的进步而产生和发展起来的，并逐步形成系统的、完整的环境监测体系。

所谓环境监测，就是运用化学、生物学、物理学及公共卫生学等方法，间断或连续地测定代表环境质量的指标数据，研究环境污染物的检测技术，监视环境质量变化的过程。环境监测是环境质量评价的前提，只有通过全面、系统、准确的环境监测数据，对数据进行科学的处理和总结，才能对环境质量进行评价。同时，环境是一个极其复杂的综合体系，人们只有获得大量的定量化的环境信息，了解污染物的产生过程和原因，掌握污染物的数量和变化规律，才能制定切实可行的污染防治规划和环境保护目标，完善以污染物控制为主要内容的各类控制标准、规章制度，使环境管理逐步实现从定性管理向定量管理、从单项治理向综合整治、从浓度控制向总量控制转变。而这些定量化的环境信息，只有通过环境监测才能得到。因此，离开环境监测，环境保护将是盲目的，加强环境管理也将是一句空话。

环境监测的内容并非一成不变的，随着工业和科学的发展，已逐渐由工业污染源监测发展到对大环境的监测，监测对象不仅是影响环境质量的污染因子，还包括对生物、生态变化的监测。为了全面、确切地表明环境污染对人群、生物的生存和生态平衡的影响程度，做出正确的环境质量评价，现代环境监测不仅要监测环境污染物的成分和含量，往往还要对其形态、结构和分布规律进行监测。

二、环境监测的目的

准确、及时、全面地反映环境质量现状及发展趋势，为环境管理、污染源控制、环境规划等提供科学依据，是环境监测最主要的目的。具体来说，环境监测的目的又可以细分为以下几个方面。

第一，根据环境质量标准，评价环境质量，预测环境质量变化趋势。

第二，根据环境污染物的时空分布特点，追踪寻找污染源，为实现监督管理、控制污染提供依据。同时，要预测污染的发展方向，评价污染治理的实际效果。

第三，收集本地数据，积累长期监测资料，为研究环境容量，实施总量控制、目标管理、预测预报环境质量提供数据。

第四，积累大量的不同地区的污染数据，依据科学技术和经济水平，制定切实可行的环境保护法规和标准。

第五，收集环境本底值及其变化趋势数据，积累长期监测资料，为保护人类健康和合理使用自然资源以及为确切掌握环境容量提供科学依据。

第六，揭示新的环境问题，确定新的污染因素，为环境科学研究提供方向。

三、环境监测的特点

环境监测涉及的知识面、专业面宽，它不仅需要有坚实的化学分析基础，而且需要有足够的物理学、生物学、生态学和工程学等多方面的知识。

（一）综合性

水体、土壤、固体废物、生物体中的污染等都是环境监测的主体，其中污染物种类繁多、成分复杂；监测分析则涉及化学、物理、生物、水文气象和地理学等多方面知识。而实施环境监测得到的数据，不只是一个个简单的孤立数据，其中还包含着大量可探究、可追踪的丰富信息，通过数据的科学处理和综合分析，可以掌握污染物的变化规律以及多种污染物之间的相互影响。因此，环境监测的综合性就体现在监测方法、监测对象以及监测数据等综合性方面，判断环境质量仅对目标污染物进行某一地点、某一时间的分析测试是不够的，必须对相关污染因素、环境要素在一定范围、时间和空间内进行多元素、全方位的测定，综合分析数据信息，这样才能确保所得出的环境质量评价是确切的、可靠的。

（二）持续性

环境监测数据具有空间和时间的可比性和历史积累价值，只有在具有代表性的监测点位上持续监测才有可能揭示环境污染的发展趋势和发展轨迹。因此，在环境监测方案的制订、实施和管理过程中应尽可能实施持续监测，并逐步布设监测网络，合理分布空间，提高标准化、自动化水平，积累监测数据，构建数据信息库。

（三）追踪性

环境监测的实施（图 1-1），必须以环境监测数据为依据。为保证监测数据的有效性，必须严格规范地制订监测方案，准确无误地实施，并全面科学地进行数据综合分析，即对环境监测全过程实施质量控制和质量保证，构建起完整的环境监测质量保证体系。

四、环境监测的类型

环境监测依据不同的标准可以分为不同的类型，下面介绍几种常用的分类方法。

（一）以监测对象为标准进行分类

以监测对象为标准，可以将环境监测细分为以下几类。

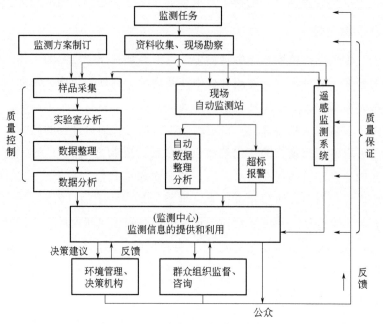

图 1-1　环境监测实施过程示意图

1. 水质监测

所谓水质监测，就是对水环境（包括地表水、地下水和近海海水）、工农业生产废水和生活污水等的水质状况进行监测。

2. 空气和废气监测

所谓空气监测，就是对环境空气质量（包括室外环境空气和室内环境空气）进行的监测。而废气监测，指的是对大气污染源（包括固定污染源和移动污染源）排放的废气进行监测。

3. 土壤监测

所谓土壤监测，就是对土壤进行监测，包括土壤质量现状监测、土壤污染事故监测、场地监测、土壤背景值调查等。

4. 固体废物监测

所谓固体废物监测，就是对工业产生的有害固体废物、城市垃圾和农业废物中的有毒有害物质进行监测，内容包括危险废物的特性鉴别、毒性物质含量分析和固体废物处理过程中的污染控制分析。

5. 生物污染监测

所谓生物污染监测，就是对生物体内的污染物质进行监测。

6. 声环境监测

所谓声环境监测，就是对城市区域环境噪声、社会生活环境噪声、工业企业厂界环境噪声以及交通噪声的监测。

7. 辐射监测

所谓辐射监测，就是对包括辐射环境质量、辐射污染源、放射性物质安全运输以及辐射设施退役、废物处理和辐射事故应急等进行监测。

（二）以监测目的为标准进行分类

以监测目的为标准，可以将环境监测细分为以下几类。

1. 监视性监测

监视性监测又叫常规监测或例行监测，就是对各环境要素进行定期的经常性监测。其主要目的是确定环境质量及污染状况，评价控制措施的效果，衡量环境标准实施情况，积累监测数据。其一般包括环境质量的监视性监测和污染源的监督监测，目前我国已建成了各级监视性监测网站。

2. 特定目的监测

特定目的监测又叫特例监测，具体可细分为以下几种。

（1）污染事故监测　污染事故发生时，及时地进行现场追踪监测，确定污染程度、危害范围和大小、污染物种类、扩散方向和速度，查明污染发生的原因，为控制污染提供科学依据。

（2）仲裁监测　仲裁监测主要解决污染事故纠纷，对执行环境法规过程中产生的矛盾进行裁定。仲裁监测由国家指定的具有权威的监测部门进行，以提供具有法律效力的数据作为仲裁凭据。

（3）考核验证监测　考核验证监测主要是为环境管理制度和措施实施考核。其包括人员考核、方法验证、新建项目的环境考核评价、污染治理后的验收监测等。

（4）咨询服务监测　咨询服务监测主要是为环境管理、工程治理等部门提供服务，以满足社会各部门、科研机构和生产单位的需要。

3. 研究性监测

研究性监测又称科研监测，属于高层次、高水平、技术比较复杂的一种监测,通常由多个部门、多个学科协作共同完成。

研究性监测的任务是研究污染物或新污染物自污染源排出后,迁移变化的趋势和规律,以及污染物对人体和生物体的危害及影响程度,包括标准方法研制监测、污染规律研究监测、背景调查监测以及综合评价监测等。

(三)以监测性质为标准进行分类

以监测性质为标准,可以将环境监测细分为以下两类。

1. 环境质量监测

所谓环境质量监测,就是监测环境中污染物的浓度大小和分布情况,以确定环境的质量状况,包括水质监测、空气质量监测、土壤质量监测和声环境质量监测等。

2. 污染源监测

所谓污染源监测,就是对各种污染源排放口的污染物种类和排放浓度进行监测,包括各种污水和废水监测,固定污染源废气监测和移动污染源排气监测,固体废物的产生、贮存、处置、利用、排放点的监测以及防治污染设施运行效果监测等。

五、环境监测的原则

在进行环境监测时,要想保证监测结果的科学性、准确性和有效性,需要在具体的监测过程中遵循一定的原则。

(一)环境监测要与国情相符合原则

在进行环境监测时,要注意加强环境监测方法及仪器设备的研究,使监测方法和仪器设备更加现代化,使监测结果更加及时、准确、可靠,是促进环境科学发展的需要,也是环境监测人员的愿望。但是,我国各地区的经济发展不平衡,因此应根据不同的监测目的,结合自己的实际情况,建立合理的环境监测指标体系,在满足环境监测要求的前提下,确定监测技术路线和技术装备,建立确切可靠的、经济实用的环境监测方案。

(二)优先选择监控对象原则

在进行环境监测时,要在实地调查的基础上,针对污染物的性质(如物化性质、毒性、扩散性等),选择那些毒性大、危害严重、影响范围广的污染物。同时,在选择污染物时必须有可靠的测试手段和有效的分析方法,从而保证能获得准确、可靠、有代表性的数据。要注意对监测数据做出正确的解释和判断。如果该监测数据既无标准可循，又不能了解对人体健康和生物的影响，会使监测工作陷入盲目的地步。

（三）优先监测原则

在实际工作时，需要监测的项目往往很多，但不可能同时进行，必须坚持优先监测的原则。对影响范围广的污染物要优先监测，燃煤污染、汽车尾气污染是全世界的问题，许多公害事件就是由它们造成的。对于那些具有潜在危险，并且污染趋势有可能上升的项目，也应列入优先监测。

（四）最优化原则

环境问题是十分复杂的，这也决定了环境监测的多样性。监测结果是环境监测中布点采样、样品的运输、保存、分析测试及数据处理等多个环节的综合体现，其准确可靠程度取决于其中最为薄弱的环节。所以应根据不同情况，全面规划，合理布局，采用不同的技术路线，综合把握优化布点，严格保存样品，准确分析测试等环节，实现最优环境监测。

六、环境监测的技术

环境监测技术有很多，下面介绍几种常用的环境监测技术。

（一）实验室分析技术

实验室对污染物成分、结构与形态分析，主要采用化学分析法和仪器分析法。经典的化学分析法主要有容量法和重量法两类，其中容量法包括酸碱滴定法、氧化还原滴定法、配位滴定法和沉淀滴定法。化学分析法因其准确度高、所需仪器设备简单、分析成本低，所以仍被广泛采用。仪器分析法是以物理和物理化学分析法为基础的分析方法，主要分为光谱分析、电化学分析、色谱分析、质谱法、核磁共振波谱法、流动注射分析以及分析仪器联用技术。光谱分析法常见的有可见分光光度法、紫外分光光度法、红外分光光度法、原子吸收光谱法、原子发射光谱法、原子荧光光谱法、X射线荧光光谱法和化学发光法等；电化学分析法常见的有电导分析法、电位分析法、电解分析法、极谱法、库仑法等；色谱分析法包括气相色谱（GC）法、高效液相色谱（HPLC）法、超临界流体色谱（SFC）法以及薄层色谱（TLC）法等；分析仪器联用技术常见的有气相色谱-质谱（GC-MS）联用技术、液相色谱-质谱（LC-MS）联用技术等。

（二）现场快速监测技术

现场快速监测技术主要有试纸法、速测管法、化学测试组件法及便携式分析仪器测试法等。现场快速监测技术主要用来进行污染事故的应急监测。

（三）连续自动监测技术

连续自动监测技术是以在线自动分析仪器为核心，运用自动采样、自动测量、自动控制、数据处理和传输等现代技术，对环境质量或污染源进行24h连续监测。目前，其应用于地表水水质连续自动监测、污水连续自动监测、环境空气质量连续自动监测、固定污染源烟气排放连续自动监测、大气酸沉降连续自动监测、沙尘暴连续自动监测等。

（四）生物监测技术

生物监测技术就是利用植物、动物在污染环境中产生的反应信息来判断环境质量的方法。其常采用的手段包括：生物体污染物含量的测定；观察生物体在环境中的受害症状；生物的生理生化反应；生物群落结构和种类变化等。

（五）"3S"技术

环境遥感（ERS）、地理信息系统（GIS）和全球定位系统（GPS），称为"3S"技术。其中，环境遥感是利用遥感技术探测和研究环境污染的空间分布、时间尺度、性质、发展动态、影响和危害程度，以便采取环境保护措施或制定生态环境规划的遥感活动。其可以分为摄影遥感技术、红外扫描遥测技术、相关光谱遥测技术、激光雷达遥测技术。如通过傅里叶变换红外光谱仪（FTIR）遥测大气中CO_2浓度、挥发性有机化合物（VOC）的变化，用车载差分吸收激光雷达遥测SO_2等。采用卫星遥感技术可以连续、大范围对不同空间的环境变化及生态问题进行动态观测，如海洋等大面积水体污染、大气中臭氧含量变化、环境灾害情况、城市生态及污染等。全球定位系统可提供高精度的地面定位方法，用于野外采样点定位，特别是海洋等大面积水体及沙漠地区的野外定点。地理信息系统是一种功能强大的对各种空间信息在计算机平台上进行装载运送、处理及综合分析的工具。三种技术的结合，形成了对地球环境进行空间观测、空间定位及空间分析的完整技术体系，为扩大环境监测范围和功能、提高其信息化水平以及对环境突发灾害事件的快速监测和评估等提供了有力的技术支持。

随着科技进步和环境监测的需要，环境监测在传统的化学分析技术基础上，发展高精密度、高灵敏度、痕量、超痕量分析的新仪器、新设备，同时研发了适用于特定任务的专属分析仪器。计算机在监测系统中的普遍使用，使监测结果得到了快速处理和传递，多机联用技术的广泛采用，扩大了仪器的使用效率和应用价值。今后一段时间，在发展大型、连续自动监测系统的同时，发展小型便携式仪器和现场快速监测技术将是环境监测技术的重要发展方向。

第二节　环境问题与环境保护

环境是人类生存和发展的基本前提，它为我们的生存和发展提供了必需的资源和条件。随着社会经济的发展，环境问题已经作为一个不可回避的重要问题提上了各国政府的议事日程。保护环境是我国的一项基本国策，解决全国突出的环境问题，促进经济、社会与环境协调发展和实施可持续发展战略，是政府面临的重要而又艰巨的任务。

一、环境问题

（一）环境问题的界定

环境问题有广义和狭义之分。从广义上来看，环境问题主要是指由自然或人为的原因引起生态系统破坏，直接或间接影响人类生存和发展的一切现实的或潜在的问题。从狭义上来看，环境问题是指由于人类的生产和生活方式所导致的各种环境污染、资源破坏和生态系统失调。

环境问题从实质上来说，就是社会、经济、环境之间的协调发展问题以及资源的合理开发利用问题。人类在漫长的历史进程中，特别是产业革命以来，取得了辉煌的业绩，创造了前所未有的财富，实现了现代文明；同时，也出现了破坏地球生态系统的日益严峻的环境问题，对人类的生存与发展构成了威胁。从广大发展中国家来看，诸如荒漠化面积扩大、植被锐减、水土流失加剧、灾害频发，以及环境质量下降等问题主要是由于发展不足造成的，而人口激增、供应缺乏、资金短缺、技术落后又迫使许多贫困国家不得不过度开发和廉价出卖自己日益枯竭的自然资源。同时，不利的国际经济秩序又使它们处于艰难的发展环境中,进一步加剧了贫困的产生和发展,使其陷入了人口、环境、资源和发展之间的恶性循环。从发达国家来看,环境问题则主要是由于在工业化过程中,采取了"大量消耗资源、大量排放污染物"的生产方式和高度消费的生活方式,即发展不当造成的。约占世界人口20%的工业化国家,长期消耗着世界70%以上的能源和资源,从而导致了一系列全球性的环境问题。

(二)环境问题的产生及其原因

环境问题自古就有,它与人类社会的出现、生产力的发展和人类文明的提高相伴产生,并逐渐由小范围、低程度危害发展到大范围、对人类生存造成不容忽视的危害,即由轻度污染、轻度破坏、轻度危害向重度污染、重度破坏、重度危害方向发展。

1. 环境问题的产生阶段

依据环境问题产生的先后和轻重程度,联系人类文明的进程,可将环境问题大致划分为以下几个阶段。

(1)环境问题萌芽阶段 在远古时代,人类无任何工业发展,主要以狩猎和采集为主,人口数量极少,生产力水平极低,对自然环境的干预甚微,可以认为不存在环境问题。进入农业文明后,人口数量不断增加,早先的物质无法满足日益增长的需求,此时的人类对自然的开发利用强度开始不断加大。与此同时,人类逐渐结束了游牧式的生活方式,而开始定居某地。为获取更多的生活资料,人们垦荒耕地,破坏了许多森林草场资源,致使地表开始大量裸露,出现了诸如地表下降、土壤盐碱化、水土流失,甚至河道淤塞、改道和决口等环境问题。这些环境问题严重威胁人类生存,迫使人们经常地迁移、转换栖息地,有的甚至酿成了覆灭的悲剧。但这时的环境问题还只是局部的、零散的,还没有上升为影响整个人类社会生存和发展的问题。

(2)环境问题发展恶化阶段 自工业革命开始,科学技术水平上升与人口数量急剧增加,与之相应的是各种机械、设备的竞相发展,大规模地开发利用自然资源,从而改变了环境的组成和结构,也改变了环境的生态平衡,带来了新的环境问题。工业发达的城市和工矿区的工业企业,向环境排放大量"三废"物质,一时间,各类环境污染事件层出不穷。许多工业产品在生产和消费过程中排放的"三废"难以降解。总之,随着大机器生产、大工业的日益发展,环境问题也随之发展且逐步恶化。

(3) 环境问题的第一次高潮　在 20 世纪 50 年代，环境问题出现了第一次高潮。究其成因，一是人口迅猛增加，都市化速度加快；二是工业不断集中和扩大，能源消耗激增。当时，在工业发达国家环境污染已达到严重程度，直接威胁到人们的生命安全，成为重大的社会问题，激起广大人民的不满，也影响了经济的顺利发展。

(4) 环境问题的第二次高潮　进入 20 世纪 80 年代后，南极上空出现"臭氧空洞"，标志着第二次世界环境问题高潮的来临。人类愈发清醒地认识到，此时的环境问题已由点源污染向面源（江、河、湖、海）发展，局部污染向区域性和全球性污染发展，呈现出地域上扩张和程度上恶化的趋势。各种污染交叉复合，危及整个地球系统的平衡。环境问题的性质也由此产生了根本的变化，即上升为从根本上影响人类社会生存和发展的重大问题。这些问题若不能从根本上得到解决，则会给人类带来灭顶之灾。

近些年来，全球经济迅猛增长，工业不断集中和扩大，人口不断增长，对能源和资源的需求急剧增大，新的污染层出不穷，新的环境灾害也随之出现，如苏联切尔诺贝利核电站事故。除这类严重的突发性环境污染事件之外，全球性环境问题也日益突出，如全球变暖、臭氧层破坏与耗损、酸雨蔓延、土地荒漠化等。

我国自改革开放以来，工业与经济不断发展，对自然资源的消耗量增多，排放的污染物也大量增加，同时造成的严重的环境污染事件也时有发生。由此可见，环境问题是随着经济和社会的发展而产生。新旧环境问题交替发生，当前环境问题不但没有得到根本改善，相反仍有发展的趋势。

2. 环境问题的产生原因

导致环境问题产生的原因，具体来说有以下几个。

(1) 人口压力　持续增长的人口数与庞大的人口基数给世界各国，特别是一些发展中国家带来了较大的人口压力。人口的持续增长意味着数目巨大的物质资料的需求和消耗，且超出环境供给和消纳的能力，就会出现种种资源和环境问题。

(2) 过度的资源开发与利用　长久以来，人类对于自然资源的利用并未纳入经济成本之内，认为其是取之不尽用之不竭的，从而加剧对自然资源，尤其是非再生资源的耗竭速度，而在落后的贫困地区，由于人们文化素质低，生态意识淡薄，盲目扩大耕地面积、毁林开荒、任意修筑堤坝和道路等，从而造成生态系统被破坏，自然生产力下降，并导致陷入了恶性循环。

(3) 片面追求经济的增长　传统的发展模式关注的只是经济领域活动，其目标是产值和利润的增长、物质财富的增加。在这种发展观的支配下，为了追求最大的经济效益，人们认识不到或不承认环境本身所具有的价值，采取了以损害环境为代价来换取经济增长的发展模式，其结果是在全球范围内相继造成了严重的环境问题。

　　总的来说，环境问题是伴随着人口问题、资源问题和发展问题而出现的，这三者之间是相互联系、相互制约的。也可以说，环境问题的实质是发展问题，既然是在发展中产生，那就必须在发展中解决。

（三）环境问题的类型

　　环境问题主要可以分为两类，即原生环境问题和次生环境问题。其中，原生环境问题又称第一环境问题，是由自然因素造成的，如洪水、旱灾、虫灾、台风、地震、火山爆发等。它不完全属于环境学所解决的范围。次生环境问题，是由于人为因素引起的环境问题，也称第二环境问题。

　　环境学在对环境问题进行研究时，主要研究的是次生环境问题，如自然资源不合理开发利用造成的生态环境的破坏和工农业高速发展而引起的环境污染。其表现形式为环境破坏和环境污染。

　　环境破坏又称生态破坏，主要指由于人类生活和生产活动对环境的破坏，导致环境退化，从而影响人类正常的生产和生活，如滥伐森林，使森林的环境调节功能下降，导致水土流失、土地荒漠化的加剧；由于不合理的灌溉，引起土壤盐碱化；由于大量燃煤和使用消耗臭氧物质，导致大气中二氧化碳的含量增加和臭氧层的破坏；由于生物的生存环境遭到破坏或过度捕猎等原因，加剧了物种的灭绝速度等。

　　我国大部分地区存在着不同程度的环境问题，而且不同地区所面临的环境问题是有所差异的。比如，在城市地区，由于交通、工业活动和人类聚居地的过分密集，造成了污染物的集中，环境问题主要表现为环境污染，如大气污染、水污染等；在广大的乡村地区，因利用资源的方式不当或强度过大，环境问题主要表现为生态破坏，如水土流失、荒漠化、土壤盐碱化、森林减少、水源枯竭、物种减少等。

　　从全球角度来看，发展中国家存在的环境问题要远远比发达国家严重。这是因为，发展中国家经济正处在发展的初级阶段，而人口增长却很快，环境承受着发展和人口的双重压力；环境保护需要强大的经济能力、技术水平来保障，发展中国家尚缺乏足够的资金与技术支持，一旦发生环境问题，大多发展中国家都无法及时、充分地解决该问题；越境转移也是造成发展中国家环境问题严重的因素之一，发达国家利用一些发展中国家对经济发展的需要，将污染严重的工业转移到发展中国家，从而导致了该地区环境问题日趋严重。

（四）环境问题的发展趋势

1. 发展中国家环境问题的发展趋势

（1）人口激增和贫困　由于文化和其他社会因素，发展中国家的人口激增状况短时间内不可能改观。虽然食物供应有所增加，但实际人均食物消费水平在南亚、中东和非洲的大部分地区即使不下降，也不会有大的改善。随着人口和经济活动的增加，污染物排放量也将大大增加，对自然资源产生巨大的压力。

（2）与城市化相关的问题异常严重　经济高速发展必然导致人口分布的变化和资源的大量消耗，以及随之而来的生态环境破坏与污染。在发展中国家，经济发展导致了大批人流向城市，导致住房紧张、交通拥挤、污染严重、疾病蔓延等状况。

（3）自然资源消耗加速，生态环境破坏严重　发展中国家比工业化国家更多地依赖自然资源——水域、森林和矿产。然而今天这个资源基础正在迅速削弱，其结果是发展前景遭到破坏，环境进一步恶化。

2. 发达国家环境问题的发展趋势

（1）生产、生活排放的固体废弃物急剧增加，大气污染没得到有效控制，且进一步加剧了全球性环境问题。如果世界经济结构不发生重大变化，发达国家的巨额经济增长，必然产生更多的废弃物。一方面由于历史和现实的原因，本来在发达国家内禁止兴办的、对环境有严重污染和危害的企业，因其经济效益高而转移到发展中国家，甚至将有毒有害废物直接倾倒在公海或发展中国家。另一方面，废气、废水、废渣的排放总量显著增加。

（2）自然资源消耗和破坏增加，使全球环境资源的破坏和能源萎缩加速。许多环境问题主要是发达国家在工业化过程中过度消耗自然资源和大量排放污染物引发的。它们为了保持高度发展的经济，必然以消耗其本国的自然资源和通过不公平的经济交往耗用发展中国家的自然资源为前提，不论是从总量还是从人均水平来讲，其资源的消耗和污染物的排放都大大超过发展中国家。

（3）室内环境污染问题突出。城市现代化的发展使得室内环境污染性质发生改变，由炊事活动引起的煤烟型空气污染转变为以辐射、放射性为主的污染。人们为获得舒适的室内空调环境并节约能源，密闭性能良好的节能建筑应运而生，在这种建筑中，室内外空气交换的性能很差，全靠机械动力设施，使一些本来影响不大的污染现象对人体健康产生新的危害。

（五）环境问题的解决

产生和激化环境问题的根源是人口激增、经济发展和科技进步，因此要想很好地解决环境问题，就必须依靠强大的经济实力和科技力量，并且控制人口数量，提高人口素质，增强环境意识，强化环境管理。

1. 控制人口增长

根据马尔萨斯人口论来判断，控制人口可在一定程度上缓解环境压力，但我们在控制人口的同时，也需加强公众教育，提高公众环保意识，将其变为一种习惯，在做任何事情时，都会自觉或不自觉地考虑是否对环境有害，争取最大可能地降低对环境的危害。

2. 发展经济，拥有相当的经济实力

环境问题的治理，需要巨大的财力、物力，并且需要经过长期的努力。对于我们这样一个幅员辽阔、有几千年人类活动的历史、环境污染和生态破坏的欠账都十分巨大的国家来说，如果没有足够的财力、物力和人力，是无法达到有效控制污染和生态环境破坏的目的的。

3. 依靠科技进步与发展

虽然科技进步与发展会产生各种各样的环境问题，但环境问题的解决仍离不开科技进步。例如，燃煤带来的大气和水体污染及固体废物污染，全球变暖以及化合物氟氯烃等的应用造成臭氧层的破坏等，需要改善和提高燃煤设备的性能和效率，寻找清洁能源或氟氯烃的替代物，从根本上清除污染源或降低其危害程度，以及研制和生产高效、低能耗的环保产品，治理污染；或通过科学规划，以区域为单元，制定区域性污染综合防治措施，都可以实现在较低的或有限的环保投资下获得较佳的环保效益。

二、环境保护

（一）环境保护的概念

所谓环境保护，就是利用环境科学的理论与方法，协调人类和环境的关系，解决各种问题，是保护、改善和创建环境的一切人类活动的总称。

根据《中华人民共和国环境保护法》的规定，环境保护的内容包括"保护自然环境"与"防治污染和其他公害"两个方面。这就是说，要运用现代环境科学的理论和方法，在更好地利用自然资源的同时，深入认识和掌握污染和破坏环境的根源和危害，有计划地保护环境，恢复生态预防环境质量的恶化，控制环境污染，促进人类与环境的协调发展。

随着人们对环境问题认识的提高，人类对环境保护重要性的认识也日益深化。环境保护的目的应该是随着社会生产力的进步，在人类"征服"自然的能力和活动不断增加的同时，运用先进的科学技术，研究破坏生态系统平衡的原因，更要研究人为原因对环境的破坏和影响，寻找避免和减轻破坏环境的途径和方法，化害为利，造福人类。

（二）环境保护的重要性

环境保护的重要性，具体来说体现在以下几个方面。

1. 保护环境是人类的共同责任

环境保护是由于工业发展导致环境污染问题过于严重，首先引起工业化国家的重视而产生的，利用国家法律法规和舆论宣传而使全社会重视和处理污染问题。自20世纪中期以来，随着科学技术的突飞猛进，人类以前所未有的速度创造着社会财富与物质文明，但同时也严重破坏着地球的生态环境和自然资源，如由于人类无节制地乱砍滥伐，导致森林锐减、土地沙漠化加剧、生物多样性减少和地球增温等一系列全球性的生态危机。这些严重的环境问题给人类敲响了警钟。目前世界各国已认识到生态恶化将严重影响人类的生存，不仅纷纷出台各种法律法规以保护生态环境和自然资源，而且开始思考如何谋求人类与自然的和谐统一。20世纪中后期，公害事件的频频发生使公众的生命健康受到严重威胁。环境保护运动蓬勃兴起，广大民众的不满与愤怒化为无形的力量，对政府和企业形成巨大的压力，要求企业治理公害、控制污染，要求政府加强环境立法及管理。公众的行动、媒体的宣传环保措施的落实都极大地提高了人们的环保意识，更多的人认识到环境保护事业不是少数人的事，而是社会中所有成员共同的事业。

2. 保护环境是我国的一项基本国策

在1983年年底国务院召开的第二次全国环境保护会议上宣布："保护环境是中国的一项基本国策。"所谓国策就是立国、治国之策，是那些对国家经济社会发展和人民物质文化生活提高具有全局性、长久性和决定性影响的重大战略决策。坚持这一基本国策，就可以很好地解决人口、发展与环境之间的相互关系。环境保护作为一项基本国策的重要意义主要有如下几方面。

第一，防治工业污染，维护生态平衡，是保障农业发展的基本前提。我国人口众多，人均国土资源贫乏，解决十几亿人口吃饭问题显然极为重要。此外，我国在有限的耕地上除种植粮食作物外，还要种植经济作物，为工业提供原料。因此，必须精心保护国土资源，保护好耕地。由于我国的国情，我们改善人民生活和发展国民经济都必须立足于国内，立足于本国资源。我国人均国土资源不丰富这一特点，决定了我们必须十分重视环境保护工作，把有限的土地资源充分合理地利用起来，以保证人民的食物供应。

第二，制止环境进一步恶化，不断改善环境质量，是我国持续发展的重要条件。我国环境污染严重，影响着人们的生产和生活，这已成为一个突出的社会问题。我国自然环境和自然资源遭受污染和破坏的严重性，已成为社会经济可持续发展的一大障碍。如果不尽快改变这种状况，我国现代化建设就不可能得到持续、快速、健康的发展。

第三，创建一个适宜的、健全的生存和发展环境，是科学发展观的重要目标之一。科学发展观的核心是以人为本，基本要求是全面协调可持续。保护环境，维持人民适宜的生活环境，必须建立起全民意识上的可持续发展观念。这就意味着中国在新时代的发展方式和目标上就必须走一条新的路子，就是既要发展经济，又要保护环境；既要取得良好的经济效益和社会效益，又要取得良好的环境效益，使经济、社会和环境持续协调地发展。走可持续发展的道路保护环境就是保护生产力。保护环境既保护了人体健康，保护了生产力最活跃的因素——人；保护环境也保护了自然资源，保护了生产力的另一要素——劳动对象。保护环境有利于生产力充分发展，促进经济的繁荣。保护环境既要满足当代人的需要，也要满足后代人的需要。环境是全人类共同的财富，当代人的生存发展需要它，后代人的生存发展也需要它。

第四，环境保护是三个文明建设的重要组成部分。发展生产力，并在这个基础上逐步提高人民的生活水平，这就是建设物质文明的要求。与生产力发展关系十分密切的工业、农业、交通、城建、能源等方面几乎都有各自的污染问题。如果能通过完善生产流程以及加强生产、设备、技术、资源、劳动等管理来提高资源利用率，减少污染物的排放，则可以取得较好的经济效益和社会效益。社会主义精神文明建设包括教育科学文化建设和思想道德建设两个方面。

加强社会主义环境道德建设，加强环境教育，提高人们的环境意识，使人的行为与环境相和谐，是解决环境问题的一条根本途径。这是环境保护的基础保证，已被各国政府所认同。生态文明建设以人与人、人与自然、人与社会和谐共生为宗旨，强调人与自然环境的相互依存、相互促进、共处共融。所以，提高人们的环保意识是建设生态文明的必然要求和基本保障。

第二章

现代水与废水环境监测

水是生命之源,水也是地球表面层最丰富的物质,但由于分布不均,致使有的地区洪水泛滥成灾,有的地区又严重缺水。随着人口的增长,人类与水资源的相互作用已变得越来越关键了。不过,人类在用水的过程中,又会受到各种形式的污染物的侵蚀而降低水质。治理水污染、保护水质已成为人类的重要工作内容之一。而水环境监测可以为人类提供水质的科学数据,因此十分重要。

第一节 水质监测方案与水样采集处理

一、水质监测方案

水质监测方案是一项监测任务的总体构思和设计,制定前应该首先明确监测目的,在实地调查研究的基础上,掌握污染物的来源、性质以及污染物的变化趋势,确定监测项目,设计监测网点,合理安排采样时间和采样频率,选定采样方法和监测分析方法,并提出检测报告要求,制定质量保证程序、措施和方案的实施细则,在时间和空间上确保监测任务的顺利实施。

（一）地表水监测方案

地表水系指地球表面的江、河、湖泊、水库水和海洋水。为了掌握水环境质量状况和水系中污染物浓度的动态变化及其变化规律，需要对全流域或部分流域的水质及向水流域中排污的污染源进行水质监测。世界上许多国家对地表水的水质特性指标采样、测定等过程均有具体的规范化要求，这样可保证监测数据的可比性和有效性。

在进行地表水监测时，提前做好监测方案是十分重要的。而在制定这一方案时，要做好以下几方面的工作。

1. 调查和收集资料

在制定监测方案之前，应尽可能完备地收集欲监测水体及所在区域的有关资料，主要有以下几方面。

第一，水体的水文、气候、地质和地貌资料。如水位、水量、流速及流向的变化；降雨量、蒸发量及历史上的水情；河流的宽度、深度、河床结构及地质状况；湖泊沉积物的特性、同温层分布、等深线等。

第二，水体沿岸城市分布、工业布局、污染源及其排污情况、城市给排水情况等。

第三，水体沿岸的资源现状和水资源的用途；饮用水源分布和重点水源保护区；水体流域土地功能及近期使用计划等。

第四，历年的水质监测资料等。

2. 设置监测断面和采样点

所谓监测断面，就是采样断面。其一般分为四种类型，即背景断面、对照断面、控制断面和消减断面。对于地表水的监测来说，并非所有的水体都必须设置四种断面。国家标准《水质 采样方案设计技术规定》（HJ 495—2009）中规定了水（包括底部沉积物和污泥）的质量控制、质量表征、污染物鉴别及采样方案的原则，强调了采样方案的设计。

在设置采样点时，要在调查研究、收集有关资料、进行理论计算的基础上，根据监测目的和项目以及考虑人力、物力等因素来确定。

（1）河流监测断面和采样点设置 对于江、河水系或某一个河段，水系的两岸必定遍布很多城市和工厂企业，由此排放的城市生活污水和工业污水成为该水系受纳污染物的主要来源，因此要求设置四种断面，即背景断面、对照断面、控制断面和消减断面。

① 对照断面　所谓对照断面，就是具有判断水体污染程度的参比和对照作用或提供本底值的断面。它是为了解流入监测河段前的水体水质状况而设置。这种断面应设在河流进入城市或工业区以前的地方。设置这种断面必须避开各种污水的排污口或回流处。常设在所有污染源上游处，排污口上游100～500m处，一般一个河段只设一个对照断面（有主要支流时可酌情增加）。

② 控制断面　所谓控制断面，就是为及时掌握受污染水体的现状和变化动态，进而进行污染控制而设置的断面。这类断面应设在排污区下游，较大支流汇入前的河口处；湖泊或水库的出入河口及重要河流入海口处；国际河流出入国境交界处及有特殊要求的其他河段（如临近城市饮水水源地、水产资源丰富区、自然保护区、与水源有关的地方病发病区等）。控制断面一般设在排污口下游500～1000m处。断面数目应根据城市工业布局和排污口分布情况而定。

③ 消减断面　所谓消减断面，就是当工业污水或生活污水在水体内流经一定距离而达到（河段范围）最大程度混合时，其污染状况明显减缓的断面。这种断面常设在城市或工业区最后一个排污口下游1500m以外的河段上。

④ 背景断面　当对一个完整水体进行污染监测或评价时，需要设置背景断面。对于一条河流的局部河段来说，通常只设对照断面而不设背景断面。背景断面一般设置在河流上游不受污染的河段处或接近河流源头处，尽可能远离工业区、城市居民密集区和主要交通线以及农药和化肥施用区。通过对背景断面的水质监测，可获得该河流水质的背景值。

在设置监测断面后，应先根据水面宽度确定断面上的采样点，然后再根据采样点的深度确定采样点数目和位置。一般是当河面水宽小于50m时，设一条中泓垂线；当河面水宽为50～100m时，在左右近岸有明显水流处各设一条垂线；当河面水宽为100～1000m时，设左、中、右三条垂线；河面水宽大于1500m时，至少设5条等距离垂线。每一条垂线上，当水深小于或等于5m时，在水面下0.3～0.5m处设一个采样点；水深5～10m时，在水面下0.3～0.5m处和河底以上约0.5m处各设1个采样点；水深10～50m时，要设3个采样点，水面下0.3～0.5m处一点，河底以上约0.5m处一点，1/2水深处一点；水深超过50m时，应酌情增加采样点个数。

在确定了监测断面和采样点的位置后，应立即设立标志物。每次采样时以标志物为准，在同一位置上采样，以保证样品的代表性。

(2) 湖泊、水库中监测断面和采样点的设置　在设置湖泊、水库监测断面前，应先判断湖泊、水库是单一水体还是复杂水体，考虑汇入湖、库的河流数量、水体径流量、季节变化及动态变化、沿岸污染源分布等，然后按以下原则设置监测断面。

第一，在进出湖、库的河流汇合处设监测断面。

第二，以功能区为中心（如城市和工厂的排污口饮用水源、风景游览区、排灌站等），在其辐射线上设置弧形监测断面。

第三，在湖、库中心，深、浅水区，滞流区，不同鱼类的洄游产卵区，水生生物经济区等设置监测断面。

湖、库采样点的位置与河流相同。但由于湖、库深度不同，会形成不同水温层，此时应先测量不同深度的水温、溶解氧等，确定水层情况后，再确定垂线上采样点的位置。位置确定后，同样需要设立标志物，以保证每次采样在同一位置上。

3. 确定采样时间和频率

为使采取的水样具有代表性，能反映水质在时间和空间上的变化规律，必须确定合理的采样时间和采样频率。一般来说，在确定采样时间和频率时需要遵守以下几个原则。

第一，对较大水系干流和中、小河流，全年采样不少于6次，采样时间分为丰水期、枯水期和平水期，每期采样两次。

第二，流经城市、工矿企业、旅游区等的水源每年采样不少于12次。

第三，底泥在枯水期采样一次。

第四，背景断面每年采样一次。

（二）地下水监测方案

地球表面的淡水大部分是贮存在地面之下的地下水，所以地下水是极宝贵的淡水资源。地下水的主要水源是大气降水，降水转成径流后，其中一部分通过土壤和岩石的间隙而渗入地下形成地下水。严格地说，由重力形成的存在于地表之下饱和层的水体才是地下水。目前大多数地下水尚未受到严重污染，但一旦受污，又非常难以通过自然过程或人为手段予以消除。因此，制定地下水监测方案是很有必要的。而在制定这一方案时，要做好以下几方面的工作。

1. 调查和收集资料

在制定地下水监测方案之前，应尽可能完备地调查和收集有关资料，主要有以下几方面。

第一，收集、汇总监测区域的水文、地质、气象等方面的有关资料和以往的监测资料。例如，地质图、剖面图、测绘图、水井的成套参数、含水层、地下水补给、径流和流向，以及温度、湿度、降水量等。

第二，调查监测区域内城市发展、工业分布、资源开发和土地利用情况，尤其是地下工程规模应用等；了解化肥和农药的施用面积和施用量；查清污水灌溉、排污、纳污和地表水污染现状。

第三，测量或查知水位、水深，以确定采水器和泵的类型、所需费用和采样程序。

第四，在完成以上调查的基础上，确定主要污染源和污染物，并根据地区特点与地下水的主要类型把地下水分成若干个水文地质单元。

2. 设置采样点

（1）设置地下水背景值采样点　地下水背景值采样点应设在污染区外，如需查明污染状况，可贯穿含水层的整个饱和层，在垂直于地下水流方向的上方设置。

（2）设置受污染地下水采样点　对于作为应用水源的地下水，现有水井常被用作日常监测水质的现成采样点。当地下水受到污染需要研究其受污情况时，则常需设置新的采样点。例如在与河道相邻近地区新建了一个占地面积不太大的垃圾堆场的情况下，为了监测垃圾中污染物随径流渗入地下，并被地下水挟带转入河流的状况，应设置地下水监测井。如果含水层渗透性较大，污染物会在此水区形成一个条状的污染带，那么监测井位置应处在污染带内。

一般地下水采样时应在液面下 0.3～0.5m 处采样，若有同温层，可按具体情况分层采样。

（3）确定采样时间和频率　采样时间与频率一般是：每年应在丰水期和枯水期分别采样检验一次，10 天后再采检一次可作为监测数据报出。

（三）水污染源监测方案

水污染源指工业废水源、生活污水源等。工业废水包括生产工艺过程用水、机械设备用水、设备与场地洗涤水、延期洗涤水、工艺冷却水等；生活污水则指人类生活过程中产生的污水，包括住宅、商业、机关、学校和医院等场所排放的生活和卫生清洁等污水。在制定水污染源监测方案时，首先也要进行调查研究，收集有关资料，查清用水情况、污水的类型、主要污染物及排污去向和排放量等。

1. 调查和收集资料

（1）调查污水的类型　工业废水、生活污水、医院污水的性质和组成十分复杂，它们是造成水体污染的主要原因。根据监测的任务，首先需要了解污染源所产生的污水类型。工业废水、生活污水、医院污水等所生成的污染物具有较大的差别。相对而言，工业污水往往是监测的重点，这是由于工业用水不仅在数量上而且在污染物的浓度上都是比较大的。此外，工业废水可分为物理污染污水、化学污染污水、生物及生物化学污染污水三种主要类型以及混合污染污水。

（2）调查污水的排放量　对于工业废水，可通过对生产工艺的调查，计算出排放水量并确定需要监测的项目；对于生活污水和医院污水则可在排水口安装流量计或自动监测装置进行排放量的计算和统计。

（3）调查污水的排污去向　调查内容有：车间、工厂、医院或地区的排污口数量和位置；直接排入还是通过渠道排入江、河、湖、库、海中，是否有排放渗坑。

2. 设置采样点

（1）设置工业废水采样点　在设置工业废水采样点时，需要遵守以下几个原则。

第一，含汞、镉、铬、砷、铅、苯并芘等第一类污染物的采样点设在车间或车间处理设施排放口；含酸、碱、悬浮物、生化需氧量、硫化物、氟化物等第二类污染物的采样点则设在单位的总排放口。

第二，工业企业内部监测时，废水的采样点布设与生产工艺有关，通常选择在工厂的总排放口、车间或工段的排放口以及有关工序或设备的排水点。

第三，为考察废水或污水处理设备的处理效果，应对该设备的进水、出水同时取样。如为了解处理厂的总处理效果，则应分别采集总进水和总出水的水样。

第四，在接纳废水入口后的排水管道或渠道中，采样点应布设在离废水（或支管）入口 20～30 倍管径的下游处，以保证两股水流的充分混合。

第五，生活污水的采样点一般布设在污水总排放口或污水处理厂的排放口处。对医院产生的污水在排放前还要求进行必要的预处理，达标后方可排放。

第六，在排污渠道上，选择道直、水流稳定、上游无污水流入的地点设点采样。

第七，在排水管道或渠道中流动的污水，因为管道壁的滞留作用，使同一断面的不同部位流速和浓度都有变化，所以可在水面下处采样，作为代表平均浓度水样采集。

（2）设置综合排污口和排污渠道采样点　在设置综合排污口和排污渠道采样点时，需要遵守以下几个原则。

第一，在一个城市的主要排污口或总排污口设点采样。

第二，在污水处理厂的污水进出口处设点采样。

第三，在污水泵站的进水和安全溢流口处布点采样。

第四，在市政排污管线的入水处布点采样。

3. 确定采样时间和频率

不同类型的废水或污水的性质和排放特点各不相同，无论是工业废水还是生活污水的水质都随着时间的变化而不停地发生着改变。因此，废水或污水的采样时间和频率应能反映污染物排放的变化特征而具有较好的代表性。一般情况下，采集时间和采样频次由其生产工艺特点或生产周期所决定。行业不同，生产周期不同；即使行业相同，但采用的生产工艺也可能不同，生产周期仍会不同，可见确定采样时间和频率是比较复杂的问题。

一般情况下，可在一个生产周期内每隔0.5h或1h采样1次，将其混合后测定污染物的平均值。如果取几个生产周期（如3～5个周期）的污水样监测，可每隔2h取样1次。对于排污情况复杂浓度变化大的污水，采样时间间隔要缩短，有时需要5～10min采样1次，这种情况最好使用连续自动采样装置。对于水质和水量变化比较稳定或排放规律性较好的污水，待找出污染物浓度在生产周期内的变化规律后，采样频率可大大降低，如每月采样测定两次。

城市排污管道大多数受纳10个以上工厂排放的污水，由于在管道内污水已进行了混合，故在管道出水口，可每隔1h采样1次，连续采集8h；也可连续采集24h，然后将其混合制成混合样，测定各污染组分的平均浓度。

我国《地表水和污水监测技术规范》中对向国家直接报送数据的污水排放源规定：工业废水每年采样监测2～4次；生活污水每年采样监测2次，春、夏季各1次；医院污水每年采样监测4次，每季度1次。

（四）水生生物监测方案

一个完整的水环境系统，是由水、水生生物和底质共同组成的。在天然水域中，生存着大量的水生生物群落，各类水生生物之间以及水生生物与它们赖以生存的水环境之间有着非常密切的关系，既互相依存又互相制约。当饮用水水源受到污染而使其水质改变时，各种不同的水生生物由于对水环境的要求和适应能力不同而产生不同的反应，人们就可以根据水生生物的反应，对水体污染程度做出判断，这已成为饮用水水源保护区不可或缺的水质监测内容。因此，制定水生生物监测方案是很有必要的。此外，在具体的制定过程中，要特别注意以下两个方面。

1. 设置生物监测的采样点

（1）饮用水水源各级保护区生物监测采样点的设置　在饮用水水源各级保护区设置生物监测采样点时，需要遵循以下几个原则。

第一，根据各类水生生物的生长与分布特点，布设采样点。

第二，在饮用水水源各级保护区交界处水域，应布设采样点，并与水质监测采样点尽可能一致。

第三，在湖泊（水库）的进出口、岸边水域、开阔水域、纳污水域等代表性水域，应布设采样点。

第四，根据实地勘查或调查掌握的信息，确定各代表性水域采样点布设的密度与数量。

（2）浮游生物、微生物监测采样点的设置　对浮游生物、微生物进行监测时，采样点的设置需要遵循以下几个原则。

第一，当水深小于3m、水体混合均匀、透光可达到水底层时，在水面下0.5m布设一个采样点。

第二，当水深为3~10m，水体混合较为均匀，透光不能达到水底层时，分别在水面下0.5m和底层上0.5m处各布设一个采样点。

第三，当水深大于10m，在透光层或温跃层以上的水层，分别在水面下0.5m和最大透光深度处布设一个采样点，另在水底上0.5m处布设一个采样点。

第四，为了解和掌握水体中浮游生物、微生物的垂向分布，可每隔1.0m水深布设一个采样点。

此外，在对底栖动物、着生生物和水生维管束植物监测时，在每条采样点上应设一个采样点。采集鱼样时，应按鱼的摄食和栖息特点，如肉食性、杂食性、草食性、表层和底层等在监测水域范围内采集。

2. 确定采样时间和频率

在我国各城市选用的饮用水水源不尽相同，对水源保护区采取的生物监测时间和频次会有差异，在此仅介绍一般性原则。

(1) 采样频次

第一，生物群落监测周期为3~5年1次，在周期监测年度内，监测频次为每季度1次。

第二，水体卫生学项目（如细菌总数、总大肠菌群数、粪大肠菌群数和粪链球菌数等）与水质项目的监测频率相同。

第三，水体初级生产力监测每年不得少于2次。

第四，生物体污染物残留量监测每年1次。

(2) 采样时间

第一，同一类群的生物样品采集时间（季节、月份）应尽量保持一致。浮游生物样品的采集时间以上午8：00~10：00时为宜。

第二，除特殊情况之外，生物体污染物残留量测定的生物样品应在秋、冬季采集。

(五) 底质（沉积物）监测方案

底质又称沉积物，是由矿物、岩石、土壤的自然侵蚀产物，生物过程的产物，有机质的降解物，污水排出物和河床母质等所形成的混合物，随水流迁移而沉降积累在水体底部的堆积物质的统称。水、水生生物和底质组成了一个完整的水环境体系。底质中蓄积了各种各样的污染物，能够记录特定水环境的污染历史，反映难以降解的污染物的累积情况。对于全面了解水环境的现状、水环境的污染历史、底质污染对水体的潜在危险，底质监测是水环境监测中不可忽视的重要环节。因此，制定底质（沉积物）监测方案是很有必要的。而在制定这一方案时，要做好以下几方面的工作。

1. 调查和收集资料

由于水体底部沉积物不断受到水流的搬迁作用，不同河流、河段的底质类型和性质差异很大。在布设采样断面和采样点之前，要重点收集饮用水水源保护区相关的文献资料，也要开展现场的实际探查或勘探工作，具体归纳如下。

第一，收集河床母质、河床特征、水文地质以及周围的植被等的相关材料，掌握沉积物的类型和性质。

第二，在饮用水水源各级保护区内随机布设探查点，探查底质的构成类型（泥质、砂或砾石）和分布情况，并选择有代表性的探查点，采集表层沉积物样品。

第三，在泥质沉积物水域内设置1～2个采样点，采集柱状样品。枯水期可以在河床内靠近岸边30m左右处开挖剖面。通过现场测量和样品分析，了解沉积物垂直分布状况和水域的污染历史。

第四，将上述资料绘制成水体沉积物分布图，并标出水质采样断面。

2. 设置监测点

（1）设置采样断面　底质采样是指采集泥质沉积物。底质采样断面的设置，应遵循以下几个原则。

第一，底质采样断面应尽可能与地表水水源保护区内的采样断面重合，以便于将底质的组成及其物理化学性质与水质情况进行对比研究。

第二，所设采样断面处于沙砾、卵石或岩石区时，采样断面可根据所绘沉积物分布图，向下游偏移至泥质区；如果水质对照断面所处的位置是沙砾、卵石或岩石区，采样断面应向上游偏移至泥质区。在此情况下，允许水质与沉积物的采样断面不重合。但是，必须保证所设断面能充分代表给定河段、水源保护区的水环境特征。

（2）设置采样点　底质采样点的设置，需要遵循以下几个原则。

第一，底质未受污染时，由于地质因素的原因，其中也会含有重金属，应在其不受或少受人类活动影响的清洁河段上布设背景值采样点。该背景值采样点应尽可能与水质背景值采样点位于同一垂线上。在考虑不同水文期、不同年度和采样点数的情况下，小样本总数应保证在30个以上，大样本总数应保证有50个以上，以用于底质背景值的统计估算。

第二，底质采样点应避开河床冲刷、底质沉积不稳定及水草茂盛、表层底质易受搅动之处。

3. 确定采样时间和频次

由于底质比较稳定，受水文、气象条件影响较小，一般每年枯水期采样一次，必要时可在丰水期增加采样一次，采样频次远低于水质监测。

二、水样采集处理

（一）水样的采集

1. 制定采样计划

在采样前需确定采样负责人，主要负责制定采样计划，并组织实施。

采样负责人在制定计划前要充分了解该项监测任务的目的和要求；应对要采集的监测断面的周围情况了解清楚；应熟悉采样方法、水样容器洗涤、样品保存技术；有现场测定项目和任务时，还应了解有关现场测定技术。

采样计划包括已确定的采样断面和采样点位，测定项目和采样数量、样品保存方法、质量保证措施、采样时间和路线、交通工具、采样人员和分工、采样器材，需要现场测定的项目、安全保障及测流量仪器等。

2. 采样器

采样器一般是比较简单的，只要将容器（如水桶、瓶子等）沉入要取样的河水或废水中，取出后将水样倒进合适的盛水器（贮样容器）中即可。欲从一定深度的水中采样时，需要用专门的采样器。这种采样器是将一定容积的细口瓶套入金属框内，附于框底的铅、铁或石块等重物用来增加自重。瓶塞与一根带有标尺的细绳相连。当采样器沉入水中预定的深度时，将细绳提起，瓶塞开启，水即注入瓶中（图 2-1）。一般不宜将水注满瓶，以防温度升高而将瓶塞挤出。

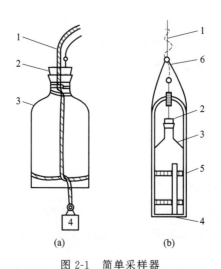

图 2-1 简单采样器

1—绳子；2—橡胶塞；3—采样瓶；4—铅块；5—铁框；6—挂钩

对于水流湍急的河段，宜用图 2-2 所示的急流采样器。急流采样器是将一根长钢管固定在铁框上，管内装一根橡胶管，胶管上部用夹子夹紧，下部与瓶塞上的短玻璃管相连，瓶塞上另有一长玻璃管通至采样瓶近底处；采样前塞紧橡胶塞，然后沿船身垂直伸入要求水深处，打开上部橡胶管夹，水样即沿长玻璃管流入样品瓶中，瓶内空气由短玻璃管沿橡胶管排出。这样采集的水样也可用于测定水中溶解性气体，因为它是与空气隔绝的。

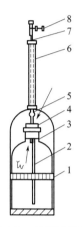

图 2-2 急流采样器

1—带重锤的铁框；2—长玻璃管；3—采样瓶；4—橡胶塞；
5—短玻璃管；6—钢管；7—橡胶管；8—夹子

如果需要测定水中的溶解氧，则应采用如图 2-3 所示的双瓶采样器采集水样。当双瓶采样器沉入水中后，打开上部橡胶塞夹，水样进入小瓶（采样瓶）并将瓶内空气驱入大瓶，从连接大瓶短玻璃管的橡胶管排出，直到大瓶中充满水样，提出水面后迅速密封大瓶。

采集水样量大时，可用采样泵来抽取水样。一般要求在泵的吸水口包几层尼龙纱网以防止泥沙、碎片等杂物进入瓶中。测定痕量金属时，则宜选用塑料泵。也可用虹吸管来采集水样，图 2-4 是一种利用虹吸原理制成的连续采样装置。

上述介绍的多是定点瞬时手工采样器。为了提高采样的代表性、可靠性和采样效率，可以采用自动采样设备，如自动水质采样器和无电源自动水质采样器，包括手摇泵采水器、直立式采水器和电动泵采水器等，可根据实际需要选择使用。自动采样设备对于制备等时混合水样或连续比例混合水样，研究水质的动态变化以及一些地势特殊地区的采样具有十分明显的优势。

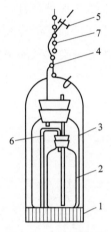

图 2-3 双瓶采样器

1—带重锤的铁框；2—小瓶；3—大瓶；4—橡胶管；5—夹子；6—塑料管；7—绳子

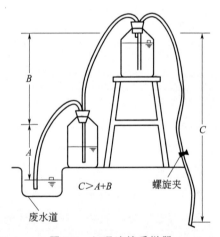

图 2-4 虹吸连续采样器

3. 盛水器

盛水器（水样瓶）一般由聚四氟乙烯、聚乙烯、石英玻璃和硼硅玻璃等材质制成。研究结果表明，材质的稳定性顺序为：聚四氟乙烯＞聚乙烯＞石英玻璃＞硼硅玻璃。通常，塑料容器常用作测定金属、放射性元素和其他无机物的水样容器；玻璃容器常用作测定有机物和生物类等的水样容器。每个监测指标对水样容器的要求不尽相同。

对于有些监测项目，如油类项目，盛水器往往作为采样容器。因此，采样器和盛水器的材质要视检测项目统一考虑。应尽力避免下列问题的发生：水样中的某些成分与容器材料发生反应；容器材料可能引起对水样的某种污染；某些被测物可能被吸附在容器内壁上。

还有一点需要注意的是，要保持容器清洁。因此，使用前，必须对容器进行充分、仔细的清洗。一般说来，测定有机物质时宜用硬质玻璃瓶，而被测物是痕量金属或是玻璃的主要成分，如钠、钾、硼、硅等时，就应该选用塑料盛水器。

4. 水样类型

在采样之前，确定水样类型也是很重要的。在水质检测时提供分析的水样，能够充分地表现出该水体的全面性，因此该水体的水样在检测之前不能受到任何意外的污染。而在日常的检测过程中大多数操作都是在现场对受污染的水体采样后，将样品送回到相关的实验室再进行分析，想要得到准确的水质参数，除了要采样精密准确的水质检测仪器外，大家还要对水样的采集保存和分类有充分的了解。

对水样进行采集时可以通过水文、气候、地质、地貌特征、水体沿岸城市分布、工业布局、污染源分布及排污情况进行分类。一般来说，水质检测时水样的分类可分为瞬时水样和混合水样两种，混合水样又可分为等比例混合水样、等时混合水样以及综合水样三种，具体如下。

（1）瞬时水样　瞬时水样是指从水中不连续地随机（就时间和断面而言）采集的单一样品，一般在一定的时间和地点随机采取。对于组分较稳定的水体，或水体的组分在相当长的时间和相当大的空间范围变化不大时，采瞬时样品具有很好的代表性。如水体的组成随时间发生变化，则要在适当时间间隔内进行瞬时采样，分别进行分析，测出水质的变化程度频率和周期。当水体的组分发生空间变化时，就要在各个相应的部位采样。

（2）混合水样　第一，等比例混合水样。等比例混合水样是指在某一时段内，在同一采样点位所采水样量随时间或流量成比例的混合水样。

第二，等时混合水样。等时混合水样是指在某一时段内，在同一采样点（断面）按等时间间隔所采等体积水样的混合水样。时间混合样在观察平均浓度时非常有用。当不需要测定每个水样而只需要平均值时，混合水样能节省监测分析工作量和试剂等的消耗。混合水样不适用于测试成分在水样储存过程中发生明显变化的水样，如挥发酚、油类、硫化物等。

第三，综合水样。综合水样是指从不同采样点同时采集的各个瞬时水样混合起来得到的样品。综合水样在各点的采样时间虽然不能同步进行，但越接近越好，以便得到可以对比的资料。

5. 采样量

采样量应满足分析的需要，并应考虑重复测试所需的水样用量和留作备份测试的水样用量。如果被测物的浓度很低而需要预先浓缩时，采样量就应增加。每个分析方法一般都会对相应监测项目的用水体积提出明确要求，但有些监测项目对采样或分样过程也有特殊要求，需要特别指出的是，一是当水样应避免与空气接触时（如测定含溶解性气体或游离 CO_2 水样的 pH 值或电导率），采样器和盛水器都应完全充满，不留气泡空间。二是当水样在分析前需要摇荡均匀时（如测定油类或不溶解物质），则不应充满盛水器，装瓶时应使容器留有 1/10 顶空，保证水样不外溢。三是当被测物的浓度很低而且是以不连续的物质形态存在时（如不溶解物质、细菌、藻类等），应从统计学的角度考虑单位体积里可能的质点数目而确定最小采样量。假如，水中所含的某种质点为 10 个/L，但每 100mL 水样里所含的却不一定都是 1 个，有的可能含有 2 个、3 个，而有的一个也没有。采样量越大，所含质点数目的变率就越小。四是将采集的水样总体积分装于几个盛水器内时，应考虑到各盛水器水样之间的均匀性和稳定性。

水样采集后，应立即在盛水器（水样瓶）上贴上标签，填写好水样采样记录，包括水样采样地点、日期、时间、水样类型、水体外观、水位情况和气象条件等。

（二）水样的运输

水样采集后，必须尽快送回实验室。根据采样点的地理位置和测定项目最长可保存时间，选用适当的运输方式，并做到以下两点。

第一，为避免水样在运输过程中震动、碰撞导致损失或沾污，将其装箱，并用泡沫塑料或纸条挤紧，在箱顶贴上标记。

第二，需冷藏的样品，应采取制冷保存措施；冬季应采取保温措施，以免冻裂样品瓶。

（三）水样的保存

水样采集后，应尽快进行分析测定。能在现场做的监测项目要求在现场测定，如水中的溶解氧、温度、电导率、pH 值等。但由于各种条件所限（如仪器、场地等），往往只有少数测定项目可在现场测定，大多数项目仍需送往实验室进行测定。有时因人力、时间不足，还需在实验室内存放一段时间后才能分析。因此，从采样到分析的这段时间里，水样的保存技术就显得至关重要。

有些监测项目的水样在采样现场采取一些简单的保护性措施后，能够保存一段时间。水样允许保存的时间与水样的性质、分析指标、溶液的酸碱度、保存容器和存放温度等多种因素有关。

不同水样允许的存放时间也有所不同。一般认为，水样的最大存放时间为：清洁水样72h；轻污染水样48h；重污染水样12h。

采取适当的保护措施，虽然能够降低待测成分的变化程度或减缓变化的速度，但并不能完全抑制这种变化。水样保存的基本要求只能是应尽量减少其中各种待测组分的变化，要求做到：减缓水样的生物化学作用；减缓化合物或络合物的氧化还原作用；减少被测组分的挥发损失；避免沉淀、吸附或结晶物析出所引起的组分变化。

水样主要的保护性措施，主要有以下几种。

1. 选择合适的保存容器

不同材质的容器对水样的影响不同，一般可能存在吸附待测组分或自身杂质溶出污染水样的情况，因此应该选择性质稳定、杂质含量低的容器。一般常规监测中，常使用聚乙烯和硼硅玻璃材质的容器。

2. 冷藏或冷冻

冷藏或冷冻的作用是抑制微生物活动，减缓物理挥发和化学反应速度。如将水样保存在 $-22 \sim -18$℃ 的冷冻条件下，会显著提高水样中磷、氮、硅化合物以及生化需氧量等监测项目的稳定性。而且，这类保存方法对后续分析测定无影响。

3. 加入化学试剂

在水样中加入合适的化学试剂，能够抑制微生物活动，减缓氧化还原反应发生。加入的方法可以是在采样后立即加入，也可以在水样分样时根据需要分瓶分别加入。不同的水样、同一水样的不同监测项目要求使用的保存药剂不同。保存药剂主要有生物抑制剂、pH 值调节剂、氧化或还原剂等类型。

(1) 生物抑制剂　在水样中加入适量的生物抑制剂可以阻止生物作用。常用的试剂有氯化汞，加入量为每升水样 20~60mg；对于需要测汞的水样，可加入苯或三氯甲烷，每升水样加 0.1~1.0mL；对于测定苯酚的水样，用 H_3PO_4，调水样的 pH 值为 4 时，加入 $CuSO_4$ 可抑制苯酚降解菌的分解活动。

(2) pH 值调节剂　加入酸或碱调节水样的 pH 值，可以使一些处于不稳定态的待测组分转变成稳定态。例如，测定水样中的金属离子，常加酸调节水样 pH≤2，达到防止金属离子水解沉淀或被容器壁吸附的目的；测定氟化物或挥发酚的水样，需要加入 NaOH 调节其 pH≥12，使两者分别生成稳定的钠盐或酚盐。

(3) 氧化剂或还原剂　在水样中加入氧化剂或还原剂可以阻止或减缓某些组分发生氧化、还原反应。例如，在水样中加入抗坏血酸，可以防止硫化物被氧化；测定溶解氧的水样则需要加入少量硫酸锰和碘化钾-叠氮化钠试剂将溶解氧固定在水中。

对化学药剂的一般要求是有效、方便、经济，而且加入的任何试剂都不应给后续的分析测试工作带来影响。对于地表水和地下水，加入的保存试剂应该使用高纯品或分析纯试剂，最好用优级纯试剂。当添加试剂的作用相互有干扰时，建议采用分瓶采样、分别加入的方法保存水样。

4. 过滤和离心分离

在分析时，会受到水样浑浊的影响。用适当孔径的滤器可以有效地除去藻类和细菌，滤后的样品稳定性提高。一般而言，可用澄清、离心、过滤等措施分离水样中的悬浮物。

国际上，通常将孔径为 0.45μm 的滤膜作为分离可滤态与不可滤态的介质，将孔径为 0.2μm 的滤膜作为除去细菌的介质。采用澄清后取上清液或用滤膜、中速定量滤纸、砂芯漏斗或离心等方式处理水样时，其阻留悬浮性颗粒物的能力大体为：滤膜＞离心＞滤纸＞砂芯漏斗。

欲测定可滤态组分，应在采样后立即用 0.45μm 的滤膜过滤，暂时无 0.45μm 的滤膜时，含泥沙较多的水样可用离心方法分离；含有机物多的水样可用滤纸过滤；采用自然沉降取上清液测定可滤态物质是不妥当的。如果要测定全组分含量，则应在采样后立即加入保存药剂，分析测定时充分摇匀后再取样。

（四）水样的预处理

1. 样品消解

进行环境样品（水样、土壤样品、固体废物和大气采样时截留下来的颗粒物）中无机元素的测定时，需要对环境样品进行消解处理。消解处理的作用是破坏有机物、溶解颗粒物，并将各种价态的待测元素氧化成单一高价态或转换成易于分解的无机化合物。对于水样的消解，可以采用以下几种方法。

（1）硝酸消解法　对于较清洁的水样或经适当润湿的土壤等样品，可用硝酸消解。其方法要点是：取混匀的水样 50～200mL 于锥形瓶中，加入 5～10mL 浓硝酸，在电热板上加热煮沸慢慢蒸发至小体积，试液应清澈透明，呈浅色或无色，否则，应补加少许硝酸继续消解。消解至近干时，取下锥形瓶，稍冷却后加 2% HNO_3（或 HCl）20mL，温热溶解可溶盐。若有沉淀，应过滤，滤液冷至室温后于 50mL 容量瓶中定容，待分析测定。

（2）硝酸-硫酸消解法　硝酸-硫酸混合酸体系是最常用的消解组合，应用广泛。两种酸都具有很强的氧化能力，其中硫酸沸点高（338℃），两者联合使用，可大大提高消解效果。图 2-5 为 10mL 浓硝酸＋10mL 浓硫酸加入水样后，在电热板温度控制为 220℃ 时，硝酸-硫酸-水三元混合溶液的温度变化情况，从溶液温度也可估计消解反应的进程。

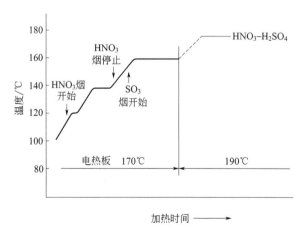

图 2-5　硝酸-硫酸-水三元混合溶液加热时的温度变化

常用的硝酸与硫酸的比例为 5∶2。一般消解时，先将硝酸加入待消解样品中，加热蒸发至小体积，稍冷后加入硫酸、硝酸，继续加热蒸发至冒大量白烟，稍冷却后加入2%的HNO_3溶解可溶盐。若有沉淀，应过滤，滤液冷至室温后定容，待分析测定。

需要注意的一点是，要测定水样中的铅、钡等元素时，该体系不宜采用，因为这些元素易与硫酸反应生成难溶硫酸盐，可改选用硝酸-盐酸混合酸体系。

(3) 硝酸-高氯酸消解法　硝酸和高氯酸都是强氧化性酸，联合使用可消解含难氧化有机物的环境样品，如高浓度有机废水、植物样和污泥样品等。其方法要点是：取适量水样或经适当润湿的处理好的土壤等样品于锥形瓶中，加5～10mL硝酸，在电热板上加热、消解至大部分有机物被分解。取下锥形瓶，稍冷却，再加2～5mL高氯酸，继续加热至开始冒白烟，如试液呈深色，再补加硝酸，继续加热至浓厚白烟将尽，取下锥形瓶，稍冷却后加入2%的HNO_3溶解可溶盐。若有沉淀，应过滤，滤液冷至室温后定容，待分析测定。

由于高氯酸能与含羟基有机物激烈反应，有发生爆炸的危险，因而应先加入硝酸氧化水样中的羟基有机物，稍冷后再加高氯酸处理。

(4) 硝酸-氢氟酸消解法　氢氟酸能与液态或固态样品中的硅酸盐和硅胶态物质发生反应，形成四氟化硅而挥发分离，因此，该混合酸体系应用范围比较专一，选择性比较高。但需要指出的是，氢氟酸能与玻璃材质发生反应，消解时应使用聚四氟乙烯材质的烧杯等容器。

(5) 多元消解法　为提高消解效果，在某些情况下（如处理测总铬的废水时），特别是样品基体比较复杂时，需要使用三元以上混合酸消解体系。通过多种酸的配合使用，克服单元酸或二元酸消解所起不到的作用。

(6) 碱分解法　碱分解法适用于按上述酸消解法不易分解或会造成某些元素的挥发性损失的环境样品。其方法要点是：在各类环境样品中，加入氢氧化钠和过氧化氢溶液或者氨水和过氧化氢溶液，加热至缓慢沸腾消解至近干时，稍冷却后加入水或稀碱溶液，温热溶解可溶盐。若有沉淀，应过滤，滤液冷至室温后于50mL容量瓶中定容，待分析测定。碱分解法的主要优点是熔样速度快，熔样完全，特别适用于元素全分析，但不适于制备需要测定汞、硒、铅、砷、镉等易挥发元素的样品。

(7) 干灰化法　干灰化法又称干式消解法或高温分解法，多用于固态样品如沉积物、底泥等底质以及土壤样品的消解。其操作过程是：取适量水样于白瓷或石英蒸发皿中，于水浴上先蒸干，固体样品可直接放入坩埚中，然后将蒸发皿或坩埚移入马弗炉内，于450～550℃灼烧到残渣呈灰白色，使有机物完全分解去除。取出蒸发皿，稍冷却后，用适量 2% HNO_3（或 HCl）溶解样品灰分，过滤后滤液经定容后，待分析测定。该法能有效分析样品中的有机物，消解完全，但不适用于挥发性组分的分析。

(8) 微波消解法　微波消解是结合高压消解和微波快速加热的一项消解技术，以待测样品和消解酸的混合物为发热体，从样品内部对样品进行激烈搅拌、充分混合和加热，加快了样品的分解速度，缩短了消解时间，提高了消解效率。在微波消解过程中，样品处于密闭容器中，也避免了待测元素的损失和可能造成的污染。该方法早期主要用于土壤、沉积物、污泥等复杂基体样品，发展至今，其用途已扩展到水和废水样品。

国标上将整个消解步骤分成了三步：一是先取 25mL 水样于消解罐中，加入 1.0mL 过氧化氢及适量硝酸，置于通风橱中待反应平稳后加盖旋紧；二是将消解罐放在微波消解仪中按升温程序 10min 升温至 180℃并保持 15min；三是程序运行完毕后，将消解罐置于通风橱内冷却至室温，放气开盖，转移定容待测。

需要注意的一点是，在确定微波消解方案时，应对所选消解试剂、消解功率和消解时间进行条件优化。

2. 样品分离与富集

在水质分析中，由于水样中的成分复杂，干扰因素多，而待测物的含量大多处于痕量水平（10^{-6}g 或 10^{-9}g），常低于分析方法的检出下限，因此在测定前必须进行水样中待测组分的分离与富集，以排除分析过程中的干扰，提高待测物浓度，满足分析方法检出限的要求。为了选择与评价分离、富集技术，常涉及下面两个概念。

一是回收因数（R_T），指样品中目标组分在分离、富集过程中回收的完全程度。即：

$$R_T = Q_T / Q_T^0$$

式中，Q_T^0 和 Q_T 分别为样品处理前、处理后基体的量。

当 R_T 小于 100%，我们称之为痕量回收。这意味着在分离、富集或分析过程中，样品中的目标组分并未全部被回收。

当样品的浓度越低时，痕量回收对分析结果的影响会越大。这是因为，在低浓度下，目标组分的丢失会导致浓度的大幅度变化，从而对结果产生明显的影响。

对于无机痕量分析，通常我们会期望 R_T 达到 90% 以上。也就是说，我们希望无机痕量分析过程中，至少 90% 的目标组分能够被成功地富集、分离和分析。这样可以更好地保证分析结果的准确性和可靠性。然而，处理实际样品时，可能会受到许多因素（如样品复杂性、检测方法的灵敏度、仪器精度等）的影响，实际的 R_T 值可能会低于 90%。对于这种情况，分析员需要不断优化分析方法，采用合适的预处理技术，以及尽可能减少分析过程中的误差，从而提高 R_T 值。

二是富集倍数（F）或浓缩系数，定义为欲分离或富集组分的回收率与基体的回收率之比，即：

$$F=\frac{Q_T/Q_M}{Q_T^0/Q_M^0}=R_T/R_M$$

式中，Q_M^0 和 Q_M 分别为富集前、富集后基体的量；R_M 为基体的回收率。

富集倍数的大小依赖于样品中待测痕量组分的浓度和所采用的测试技术。若采用高效、高选择性的富集技术，高于 10^5 的富集倍数是可以实现的。随着现代仪器技术的发展，仪器检测下限不断降低，富集倍数提高的压力相对减轻，因此富集倍数为 $10^2 \sim 10^5$ 就能满足痕量分析的要求。此外，当欲分离组分在分离富集过程中没有明显损失时，适当地采用多级分离方法可有效地提高富集倍数。对于水样的分离与富集来说，可以借助于以下几个方面。

（1）挥发和蒸发浓缩法　挥发法是将易挥发组分从液态或固态样品中转移到气相的过程，包括蒸发、蒸馏、升华等多种方式。一般而言，在一定温度和压力下，当待测组分或基体中某一组分的挥发性和蒸气压足够大，而另一种小到可以忽略时，就可以进行选择性挥发，达到定量分离的目的。

物质的挥发性与其分子结构有关，即与分子中原子间的化学键有关。挥发效果则依赖于样品量大小、挥发温度、挥发时间以及痕量组分与基体的相对含量。样品量的大小将直接影响挥发时间和完全程度。汞是唯一在常温下具有显著蒸气压的金属元素，冷原子荧光测汞仪就是利用汞的这一特性进行液体样品中汞含量的测定的。

利用外加热源进行样品的待测组分或基体的加速挥发过程称为蒸发浓缩。如加热水样，使水分慢慢蒸发，可以达到大幅度浓缩水样中重金属元素的目的。为了提高浓缩效率，缩短蒸发时间，常常可以借助惰性气体的参与实现欲挥发组分的快速分离。

（2）蒸馏浓缩法　蒸馏是基于气-液平衡原理实现组分分离的，具体来讲就是利用各组分的沸点及其蒸气压大小的不同实现分离的目的。在水溶液中，不同组分的沸点不尽相同。当加热时，较易挥发的组分富集在蒸气相，对蒸气相进行冷凝或吸收时，挥发性组分在储出液或吸收液中得到富集。

蒸馏主要有常压蒸馏和减压蒸馏两类。

① 常压蒸馏　常压蒸馏适合于沸点在40～150℃之间的化合物的分离，常用的蒸馏装置见图2-6。测定水样中的挥发酚、氟化物和氨氮等监测项目时，均采用常压蒸馏方法。

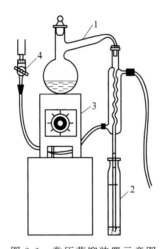

图 2-6　常压蒸馏装置示意图

1—500mL全玻璃蒸馏器；2—收集瓶；3—加热电炉；4—冷凝水调节阀

② 减压蒸馏　减压蒸馏适合于沸点高于150℃（常压下）或沸点虽低于此温度但在蒸馏过程中极易分解的化合物的分离。减压蒸馏装置除减压系统外与常压蒸馏装置基本相同，但所用的减压蒸馏瓶和接收瓶要求必须耐压。整个系统的接口必须严密不漏。克莱森蒸馏头常用于防暴沸和消泡沫，其通过一根开口毛细管调节气流向蒸馏液内不断冲气以击破泡沫并抑制暴沸。图2-7是减压蒸馏装置的示意图。减压蒸馏方法在水中痕量农药、植物生长调节剂等有机物的分离富集中应用十分广泛，也是液-液萃取溶液的高倍浓缩的有效手段。

（3）固相萃取技术　固相萃取技术自20世纪70年代后期问世以来，由于其高效、可靠及耗用溶剂量少等优点，在环境等许多领域得到了快速发展。在国外，其已逐渐取代传统的液-液萃取而成为样品预处理的可靠而有效的方法。

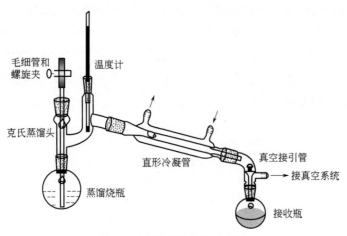

图 2-7　减压蒸馏装置示意图

固相萃取技术基于液相色谱的原理，可近似看作一个简单的色谱过程。吸附剂作为固定相，而流动相是萃取过程中的水样。当流动相与固定相接触时，其中的某些痕量物质（目标物）就保留在固定相中。这时，如果用少量的选择性溶剂洗脱，即可得到富集和纯化的目标物。

典型的固相萃取技术一般分为五个步骤：一是根据欲富集的水样量及保留目标物的性质确定吸附剂类型及用量；二是对选取的吸附柱进行条件化，即通过适当的溶剂进行活化，再通过去离子水进行条件化；三是水样通过；四是对吸附柱进行样品纯化，即洗脱某些非目标物，这时所选用的溶剂主要与非目标物的性质有关；五是用 1～5mL 的洗脱剂对吸附柱进行洗脱，收集洗脱液即可用于后续分析。

影响固相萃取技术处理效率的因素有很多，如吸附剂类型及用量、洗脱剂性质、样品体积及组分、流速等，其中的关键因素是吸附剂和洗脱剂。根据吸附机理的不同，固相萃取吸附剂主要分为正相、反相、离子交换和抗体键合等类型。一般而言，应根据水中待测组分的性质选择适合的吸附剂。水溶性或极性化合物通常选用极性的吸附剂，而非极性的组分则选择非极性的吸附剂更为合适；对于可电离的酸性或碱性化合物则适合选择离子交换型吸附剂。例如，欲富集水中的杀虫剂或药物，通常均选择键合硅胶 C_{18} 吸附剂，杀虫剂或药物被稳定地吸附于键合硅胶表面，当用小体积甲醇或乙腈等有机溶剂解吸后，目标物被高倍富集。

吸附剂的用量与目标物性质（极性、挥发性）及其在水样中的浓度直接相关。通常，增加吸附剂用量可以增加对目标物的吸附容量，可通过绘制吸附曲线来确定吸附剂的合适用量。

（4）在线预处理技术　环境样品具有基体组分复杂、待测物浓度低、干扰物多等特点，通常都要经过复杂的前处理后才能进行分析测定。传统的人工预处理操作步骤多、处理周期长、试剂使用量大，较易产生系统与人为误差。近年来，仪器分析领域在线预处理技术发展迅速。这就意味着，样品中的污染物可以通过在线的预处理装置直接达到去除干扰物质和浓缩富集的目的，预处理进样在线连续完成，既节省了大量的前处理时间和精力，又可以达到仪器分析的灵敏度要求，应用日益广泛。目前比较成熟的有顶空分析、吹扫捕集、固相微萃取（SPME）等技术。

① 顶空分析　顶空分析是通过样品基质上方的气体成分来测定这些组分在原样品中的含量。这是一种间接分析方法，其基本理论依据是在一定条件下气相和样品相（液相和固相）之间存在着分配平衡，所以气相的组成能反映样品中挥发性物质的组成。对于复杂样品中易挥发组分的分析顶空进样大大简化了样品预处理过程，只取气相部分进行分析，避免了高沸点组分污染色谱系统，同时减少了样品基质对分析的干扰。顶空分析有直接进样、平衡加压、加压定容等多种进样模式，可以通过优化操作参数而适合于多种环境样品的分析（图 2-8）。HJ620—2011 标准规定了水和废水中挥发性卤代烃顶空气相色谱法的具体测定细则。

② 吹扫捕集技术　吹扫捕集技术是用氮气、氦气或其他惰性气体将挥发性及半挥发性被测物从样品中抽提出来，但吹扫捕集技术需要让气体连续通过样品，将其中的易挥发组分从样品中吹脱后在吸附剂或冷阱中捕集浓缩，然后经热解吸将样品送入气相色谱或气质联用仪进行分析。吹扫捕集是一种非平衡态的连续萃取，因此又被称为"动态顶空浓缩法"（图 2-9），影响吹扫效率的因素主要有吹扫温度、样品的溶解度、吹扫气的流速及流量、捕集效率和解吸温度及时间等。吹扫捕集法在挥发性和半挥发性有机化合物分析、有机金属化合物的形态分析中起着越来越重要的作用，环境监测中常用吹扫捕集技术分析饮用水或废水中的臭味物质、易挥发有机污染物。

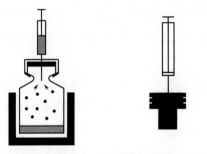

图 2-8　顶空进样原理示意图

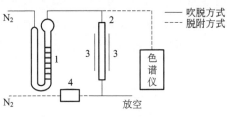

图 2-9　吹扫捕集原理图

吹扫捕集法对样品的前处理无须使用有机溶剂，对环境不造成二次污染，而且具有取样量少、富集效率高、受基体干扰小及容易实现在线检测等优点。相对于静态顶空技术，吹扫捕集灵敏度更高，平衡时间更短，且可分析沸点较高的组分。

③ 固相微萃取　固相微萃取是以固相萃取为基础发展起来的新型样品前处理技术，无须有机溶剂，操作也很简便，既可在采样现场使用，也可以和色谱类仪器联用自动操作。

固相微萃取的基本原理和实现过程与固相萃取类似，包括吸附和解吸两步。吸附过程中待测物在样品及萃取头外固定的聚合物涂层或液膜中平衡分配，遵循相似相溶原理，当单组分单相体系达到平衡时，涂层上富集的待测物的量与样品中的待测物浓度呈正相关关系。解吸过程则取决于 SPME 后续的分离手段或者分析仪器。如果连接气相色谱，萃取纤维直接插入进样口后进行热解吸，而连接液相色谱则是通过溶剂进行洗脱。在环境样品分析中，SPME 有两种萃取方式：一种是将萃取纤维直接暴露在样品中的直接萃取法，适于分析气体样品和洁净水样中的有机化合物;另一种是将纤维暴露于样品顶空中的顶空萃取法,可用于废水、油脂、高分子量腐殖酸及固体样品中挥发性、半挥发性有机化合物的分析。

第二节 金属与非金属污染物的测定

一、金属污染物的测定

(一)铬的测定

铬常存在于电镀、冶炼、制革、纺织、制药、炼油、化工等工业废水污染的水体中。富铬地区地表水径流中也含铬。自然形成的铬常以元素或三价状态存在,是人体必需的微量元素之一,对人体是无毒的,缺乏铬反而还可引起动脉粥样硬化,所以天然的铬给人体造成的危害并不大。铬是变价金属,污染的水中常有三价、六价两种价态,一般认为六价铬的毒性比三价铬高约100倍,即使是六价铬,不同的化合物其毒性也不一样,三价铬也是如此。三价铬是一种蛋白质凝固剂。六价铬更易为人体吸收,对消化道和皮肤具刺激性,而且可在体内蓄积,产生致癌作用。铬抑制水体的自净,累积于鱼体内,也可使水生生物致死;用含铬的水灌溉农作物,铬可富集于果实中。通常来说,铬的测定可采用流动注射-二苯碳酰二肼光度法、原子吸收分光光度法和硫酸亚铁铵滴定法。

1. 流动注射-二苯碳酰二肼光度法测定六价铬(标准号:HJ 908—2017)

(1)方法原理 在封闭的管路中,将一定体积的试样注入连续流动的酸性载液中,试样与试剂在化学反应模块中按特定的顺序和比例混合,在非完全反应的条件下,试样中的六价铬与二苯碳酰二肼生成紫红色化合物,进入流动检测池,于540nm波长处测量吸光度。在一定的范围内,试样中六价铬的浓度与其对应的吸光度呈线性关系。其参考工作流程图见图2-10。

本方法适用于地面水和工业废水中六价铬的测定。当检测光程为10mm时,方法的最低检出浓度为0.004mL,未经稀释的样品测定上限为0.600mg/L。

(2)测定要点 在用二苯碳酰二肼光度法测定六价铬时要注意以下几点。

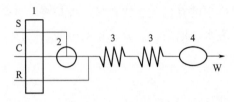

图 2-10　流动注射-二苯碳酰二肼光度法测定六价铬参考工作流程图
1—蠕动泵；2—注入阀；3—反应环；4—检测池（540nm）；
S—试样；C—载液；R—显色剂；W—废液

第一，对于清洁水样可直接测定；对于色度不大的水样，可以用丙酮代替显色剂的空白水样作参比测定；对于浑浊、色度较大的水样，以氢氧化锌作共沉淀剂，调节溶液 pH 为 8～9，此时 Cr^{3+}、Fe^{3+}、Cu^{2+} 均形成氢氧化物沉淀，可被过滤除去，与水样中的 Cr（Ⅵ）分离；存在亚硫酸盐、二价铁等还原性物质和次氯酸盐等氧化物时，也应采取相应措施消除干扰。

第二，用优级纯 $K_2Cr_2O_7$，配制铬标准溶液，分别取不同的体积于比色管中，加水定容，加酸（H_2SO_4、H_3PO_4，）控制 pH，加显色剂显色，以纯溶剂（丙酮）为参比分别测其吸光度，将测得的吸光度经空白校正后，绘制吸光度对六价铬含量的标准曲线。

第三，取适量清洁水样或经过预处理的水样，与标准系列同样操作，将测得的吸光度经空白校正后，从标准曲线上查得并计算原水样中六价铬含量。

2. 总铬的测定

三价铬不与二苯碳酰二肼反应，因此必须将三价铬氧化至六价铬后，才能显色。因此，可以采用二苯碳酰二肼分光光度法对水中总铬进行测定。具体的分析步骤如下。

（1）取 50.00mL 摇匀的水样置于 150mL 锥形瓶中，调节 pH 值为 7.0。

（2）取六价铬标准贮备溶液 0mL、0.20mL、0.50mL、2.00mL、4.00mL、6.00mL、8.00mL 及 10.00mL，置于 150mL 锥形瓶中，加纯水至 50mL。

（3）向水样和标准系列瓶中，各加入（1+1）硫酸溶液 0.5mL、（1+1）磷酸溶液 0.5mL 及 2～3 滴高锰酸钾溶液，如紫红色消褪，则应添加高锰酸钾溶液至溶液保持淡红色，各加入数粒玻璃珠，加热煮沸，直到溶液体积约为 20mL。

（4）冷却后，向各瓶中加 1mL 尿素溶液，再滴加亚硝酸钠溶液，每加 1

滴充分摇动,直至紫色刚好褪去为止。稍停片刻,待瓶中不再冒气泡后将溶液转移到50mL比色管中,用纯水稀释至刻度。

(5) 向各管中加入2.5mL硫酸及2.0mL二苯碳酰二肼丙酮溶液,立即摇匀,放置10min。

(6) 在540nm波长处,用3cm比色皿测量吸光度,从标准曲线上查得水样中总铬的量。

在完成了以上步骤后,可以根据下面的公式计算结果:

$$c = \frac{m}{V}$$

式中,c为水样中总铬的浓度,mg/L;m为从标准曲线上查得样品管中总铬的量,μg;V为水样体积,mL。

在运用二苯碳酰二肼分光光度法来测定水中总铬时,要注意以下几个方面。

第一,本法最低检测量为0.2μg,若取50mL水样测定,则最低检测浓度为0.004mg/L。

第二,水中的铬大致以六价铬及三价铬两种形式存在,六价铬和二苯碳酰二肼在酸性条件下产生红紫色络合物,可比色定量,如将三价铬用氧化剂将其氧化为六价铬后再比色定量,则测得为总铬。

第三,在酸性溶液中,以$KMnO_4$氧化水样中的三价铬为六价铬,过量的$KMnO_4$用$NaNO_2$分解,过量的$NaNO_2$以$CO(NH_2)_2$分解,然后调节溶液的pH加入显色剂显色,按测定六价铬的方法进行比色测定。另外,$KMnO_4$氧化三价铬时,应加热煮沸一段时间,随时添加$KMnO_4$使溶液保持红色,但不能过量太多。还原过量$KMnO_4$时,应先加尿素,后加$NaNO_2$溶液。

第四,若水样中含有机质,则取样后加(1+1)硫酸2mL,加热蒸发至近干,再加浓硝酸,加热至冒白烟,加水稀释至一定体积,然后再加高锰酸钾氧化。

第五,还原过量的高锰酸钾,还可采用先加入尿素,再加入亚硝酸钠的方法处理。

3. 硫酸亚铁铵滴定法

本法适用于总铬浓度大于1mg/L的废水,其原理为在酸性介质中,以银盐作催化剂,用过硫酸铵将三价铬氧化成六价铬。加少量氯化钠并煮沸,除去过量的过硫酸铵和反应中产生的氯气。以苯基代邻氨基苯甲酸作指示剂,用硫酸亚铁铵标准溶液滴定，至溶液呈亮绿色为终点。根据硫酸亚铁铵溶液的浓度和进行试剂空白校正后的用量，可计算出水样中总铬的含量。

（二）镉的测定

在金属中，镉是毒性较大的一种。镉在天然水中的含量通常小于 0.01mg/L，低于饮用水的水质标准，天然海水中更低，因为镉主要在悬浮颗粒和底部沉积物中，水中镉的浓度很低，想要了解镉的污染情况，需对底泥进行测定。镉污染不易分解和自然消化，在自然界中是累积的。废水中的可溶性镉被土壤吸收，形成土壤污染，土壤中可溶性镉又容易被植物所吸收，导致食物中镉量增加。人们食用这些食物后，镉也随着进入人体，分布到全身各器官，主要贮积在肝、肾、胰和甲状腺中，镉也随尿排出，但持续时间很长。此外，镉污染会产生协同作用，加剧其他污染物的毒性。我国规定，镉及其无机化合物，工厂最高允许排放浓度为 0.1mg/L，并且不得用稀释的方法代替必要的处理。

1. 镉污染的来源

镉污染的主要来源有以下几个。

第一，金属矿的开采和冶炼，镉属于稀有金属，天然矿物中镉与锌、铅、铜等共存，因此在矿石的浮选、冶炼、精炼等过程中便排出含镉废水。

第二，化学工业中涤纶、涂料、塑料、试剂等工厂企业使用镉或镉制品作原料或催化剂的某些生产过程中产生含镉废水。

第三，生产轴承、弹簧、光电器械和金属制品等的机械工业与电器、电镀、印染、农药、陶瓷、蓄电池等工业部门废水中亦含有不同程度的镉。

2. 镉的测定方法

（1）原子吸收分光光度法　原子吸收分光光度法，又称原子吸收光谱分析，简称原子吸收分析。它是根据某元素的基态原子对该元素的特征谱线的选择性吸收来进行测定的分析方法。镉的原子吸收分光光度法，又可以细分为以下几种。

① 直接吸入火焰原子吸收分光光度法　该方法测定速度快、干扰少，适于分析废水：地下水和地面水，一般仪器的适用浓度范围为 0.03～1.00mg/L。

该方法要将试样直接吸入空气-乙炔火焰中，在 228.8nm 处测定吸光度。火焰中形成的原子蒸气对光产生吸收，将测得的样品吸光度和标准溶液的吸光度进行比较，确定样品中被测元素的含量。

在具体运用该方法时，首先将水样进行消解处理，然后按说明书启动、预热、调节仪器，使之处于工作状态。依次用0.2%硝酸溶液将仪器调零，用标准系列分别进行喷雾，每个水样进行三次读数，三次读数的平均值作为该点的吸光度。以浓度为横坐标，吸光度为纵坐标绘制标准曲线。同样测定试样的吸光度，从标准曲线上查得水样中待测离子浓度，注意水样体积的换算。

② 萃取火焰原子吸收分光光度法　本法适用于地下水和清洁地面水。分析生活污水和工业废水以及受污染的地面水时样品预先消解。一般仪器的适用浓度范围为 $1\sim50\mu g/L$。

吡咯烷二硫代氨基甲酸铵-甲基异丁基甲酮（APDC-MIBK）萃取程序是取一定体积预处理好的水样和一系列标准溶液，调pH为3，各加入2mL 2%的APDC溶液摇匀，静置1min，加入10mL MIBK，萃取1min，静置分层弃去水相，用滤纸吸干分液漏斗颈内残留液。有机相置于10mL具塞试管中，盖严。按直接测定条件点燃火焰以后，用甲基异丁基甲酮喷雾，降低乙炔/空气比，使火焰颜色和水溶液喷雾时大致相同。用萃取标准系列中试剂空白的有机相将仪器调零，分别测定标准系列和样品的吸光度，利用标准曲线法求水样中的 Cd^{2+} 含量。

（2）双硫腙分光光度法　在强碱性溶液中，Cd^{2+} 与双硫腙生成红色络合物。用氯仿萃取分离后，于518nm波长处进行比色测定，从而求出镉的含量，其反应式如图2-11所示。

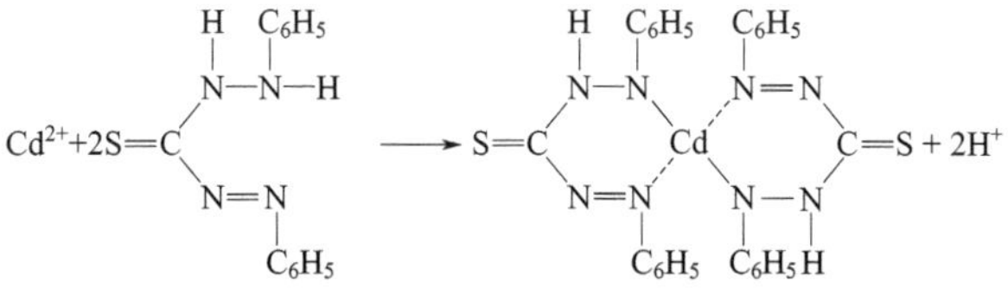

图2-11　Cd^{2+} 与双硫腙反应示意图

在运用双硫腙分光光度法来测定镉时，具体步骤如下。

① 水样预处理

第一，如水样污染较为严重，则准确取适量水样置于250mL高型烧杯中。每100mL水样加入5mL硝酸。如采集水样时已在每100mL水样中加有5mL

浓硫酸则不另加硝酸。将水样在电热板上加热蒸发，至剩余约 10mL，放置冷却。

第二，加入 5mL 浓硝酸及 2mL 高氯酸，继续加热消解直至产生浓烈白烟。如样品仍不清澈，则再加 5mL 浓硝酸，继续加热消解，直到溶液透明无色或略呈浅蓝色为止。在消解过程中切勿蒸干。

第三，冷却后加 20mL 纯水。继续煮沸约 5min，取下烧杯，放冷，用纯水稀释至一定体积。

② 测定

第一，吸取水样或经预处理的水样 25.0mL，置于分液漏斗中，用氢氧化钠溶液调 pH 至中性。

第二，另取分液漏斗 8 个，分别加入镉标准溶液 0mL、0.25mL、1.00mL、2.00mL、4.00mL、6.00mL、8.00mL 及 10.00mL，各加纯水至 25mL，滴加氢氧化钠溶液调节溶液至中性。

第三，各加 1mL 酒石酸钾钠溶液，5mL 1％氰化钾-氢氧化钠溶液及 1mL 盐酸羟胺溶液，每加入一种试剂后，均须摇匀。

第四，各加 15mL 吸光度为 0.82 的双硫腙氯仿溶液，振摇 1min。迅速将氯仿相放入已盛有 25mL 冷的酒石酸溶液的第二套分液漏斗中。再用 10mL 氯仿洗涤第一套分液漏斗，合并氯仿于第二套分液漏斗中。在这一步骤中，要注意形成的双硫腙镉在被氯仿饱和的强碱溶液中容易分解，要迅速将氯仿相放入事先已准备好的第二套分液漏斗中。

第五，将第二套分液漏斗振摇 2min，此时镉已被提取至酒石酸中，弃去双硫腙氯仿溶液，再加 5mL 氯仿，振摇 30s，静置分层，弃去氯仿相。

第六，再加 0.25mL 盐酸羟胺溶液，15.0mL 吸光度为 0.40 的双硫腙氯仿溶液及 5mL 0.05％氰化钾-氢氧化钠溶液，立即振摇 1min。

第七，擦干分液漏斗颈管内壁，塞入少许脱脂棉，将氯仿相放入干燥的 10mL 比色管中。

第八，于 518nm 波长下，用 30mm 比色皿，以氯仿为参比，测定样品和标准系列溶液的吸光度。

第九，绘制校准曲线，从曲线上查出样品管中镉的含量。

在完成了以上步骤后，可以根据下面的公式计算结果：

$$c = \frac{m}{V}$$

式中，c 为水样中镉的浓度，mg/L；m 为从校准曲线上查得的样品管中镉的含量，μg；V 为水样体积，mL。

还有一点，各种金属离子的干扰均可用控制 pH 和加入络合剂的方法除去。当有大量有机物污染时，需把水样消解后测定。本方法适用于受镉污染的天然水和废水中镉的测定，最低检出浓度为 0.001mg/L，测定上限为 0.05mg/L。

（三）砷的测定

砷不溶于水，可溶于酸和王水中。砷的可溶性化合物都具有毒性，三价砷化合物比五价砷化合物毒性更强。砷在饮水中的最高允许浓度为 0.05mg/L，口服 As_2O_3（俗称砒霜）5～10mg 可造成急性中毒，致死量为 60～200mg。砷还有致癌作用，能引起皮肤病。在地面水中，砷的污染主要来源于硬质合金、染料、涂料、皮革、玻璃、制药、农药、防腐剂等工业废水，化学工业、矿业工业的副产品会含有气体砷化物。含砷废水进入水体中，一部分随悬浮物、铁锰胶体物沉积于水底沉积物中，另一部分存在于水中。在对砷进行监测时，可以采用以下几种方法。

1. 新银盐分光光度法

硼氢化钾在酸性溶液中会产生新生态的氢，将水中无机砷还原成砷化氢气体，以硝酸-硝酸银-聚乙烯醇-乙醇溶液为吸收液。砷化氢将吸收液中的银离子还原成单质胶态银，使溶液呈黄色，颜色强度与生成氢化物的量成正比。黄色溶液在 400nm 处有最大吸收峰，峰形对称。颜色在 2h 内无明显变化（20℃以下）。本方法适用于地表水和地下水痕量砷的测定。本方法的检出限为 0.0004mg/L，测定上限为 0.012mg/L。

2. 二乙基二硫代氨基甲酸银分光光度法

锌与酸作用，会产生新生态氢。在碘化钾和氯化亚锡存在下，使五价砷还原为三价砷，三价砷被新生态氢还原成气态砷化氢。用二乙基二硫代氨基甲酸银的三氯甲烷溶液吸收砷，生成紫红色络合物，在波长 515nm 处测其吸光度。空白校正后的吸光度用标准曲线法定量。本方法可测定水和废水中的砷。

在用二乙氨基二硫代甲酸银分光光度法测定水中的砷时，具体步骤如下。

第一，取 50mL 水样于砷化氢发生瓶中，另将砷标准溶液（1.0μg/L）0.00mL、1.00mL、2.50mL、5.00mL、7.50mL、10.00mL 置于一系列砷化氢发生瓶中，加水至 50mL。

第二，向上述各瓶中加硫酸溶液 4mL，碘化钾 2.5mL 和氯化亚锡溶液 2mL，混匀，静置 15min。

第三，在各吸收管中分别加吸收液 5mL，插入塞有乙酸铅棉花的导气管。迅速向各发生瓶中加入预先已称好的无砷锌粒 5g，立即塞紧瓶塞，勿使漏气。

第四，室温下（若低于 15℃可用 25℃温水浴微热）反应 1h，最后用氯仿为参比，用 1cm 比色皿在波长 515nm 下测其吸光度。以吸光度对砷含量制作校准曲线。

（四）铅的测定

铅的污染主要来自铅矿的开采、含铅金属冶炼、橡胶生产、含铅油漆颜料的生产和使用等工业排放的废水。汽车尾气排出的铅随降水进入地面水中，亦造成铅的污染。铅通过消化道进入人体后，即积蓄于骨髓、肝、肾、脾、大脑等处，形成所谓"贮存库"，以后慢慢从中放出，通过血液扩散到全身并进入骨骼，引起严重的累积性中毒。世界上地面水中，天然铅的平均值大约是 $0.5\mu g/L$，地下水中铅的浓度在 $1\sim60\mu g/L$，当铅浓度达到 $0.1mg/L$ 时，可抑制水体的自净作用。铅进入水体中与其他重金属一样，一部分被水生物浓集于体内，另一部分则随悬浮物絮凝沉淀于底质中，甚至在微生物的参与下可能转化为四甲基铅。铅不能被生物代谢所分解，在环境中属于持久性的污染物。

铅的测定方法有双硫腙分光光度法、原子吸收分光光度法、阳极溶出伏安法。

在 pH 为 8.5～9.5 的氨性柠檬酸盐-氰化物的还原性介质中，铅与双硫腙形成可被三氯甲烷萃取的淡红色的双硫腙铅螯合物，其反应式如图 2-12 所示。

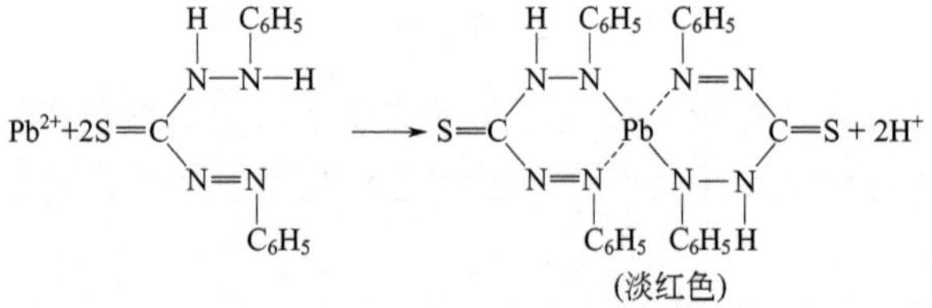

图 2-12　铅与双硫腙反应示意图

在运用双硫腙分光光度法测定水中铅的含量时，具体步骤如下。

第一，水样采集及处理。按照国家标准有关规定采集水样。采集后每

1000mL水样中立即加入2.0mL硝酸酸化，使其pH值约为1.5，随后加入5mL 0.05mol/L碘溶液，以避免挥发性有机铅化合物在水样处理和硝化过程中损失。

第二，显色萃取。向试样中加入10mL硝酸（1+4）和50mL柠檬酸盐-氰化钾还原性溶液，摇匀后冷却至室温。然后加入10mL双硫腙工作溶液，剧烈摇动分液漏斗，用时约30s，静置直至有明显分层。

第三，测定吸光度。将一小团无铅脱脂棉花塞入分液漏斗的管颈内。将下层有机相收集完全，待弃去1～2mL氯仿层有机相后，用1cm比色皿，在510nm波长处用分光光度计测定萃取液的吸光度。

第四，校准曲线。准备7个洁净的250mL分液漏斗，分别准确加入0mL、0.50mL、1.00mL、5.00mL、7.50mL、10.00mL、15.00mL铅标准工作液，再分别加入适量无铅去离子水以补充至100mL。然后按照上述第二和第三步骤进行操作。

第五，结果计算

废水中的铅（Pb^{2+}）含量以质量浓度$c(mg/L)$表示，计算如下：

$$c = \frac{m}{V}$$

式中，m为从校准曲线上得出的铅含量，μg；V为用于测定的水样体积，mL。

需要注意的是，有机相可于最大吸收波长510nm处测量，利用工作曲线法求得水样中铅的含量，本方法的线性范围为0.01～0.3mg/L。另外，本方法适用于测定地表水和废水中痕量铅。具体测定时，要特别注意器皿、试剂及去离子水是否含痕量铅，这是能否获得准确结果的关键。所用KCN毒性极大，在操作中一定要在碱性溶液中进行，严防接触手上破皮之处。Bi^{3+}、Sn^{2+}等干扰测定，可预先在pH为2～3时用双硫腙三氯甲烷溶液萃取分离。为防止双硫腙被一些氧化物质如Fe^{3+}等氧化，在氨性介质中加入了盐酸羟胺和亚硫酸钠。

（五）汞的测定

汞及其化合物属于剧毒物质，可在体内蓄积。进入水体的无机汞离子可转变为毒性更大的有机汞，由食物链进入人体，引起全身中毒。天然水含汞极少，水中汞本底浓度一般不超过0.1mg/L。由于沉积作用，底泥中的汞含量会大一些，本底值的高低与环境地理地质条件有关。我国规定生活饮用水的含汞量不得高于 0.001mg/L；工业废水中，汞的最高允许排放浓度为 0.05mg/L，这是所有的排放标准中最严的。地面水汞污染的主要来源是重金属冶炼、食盐电解制碱、仪表制造等工业排放的废水。由于汞的毒性大、来源广泛，汞作为重要的测定项目为各国所重视，对其的研究较普遍，分析方法较多，大致可归纳为以下几种。

1. 仪器分析法

仪器分析法有阳极溶出伏安法、气相色谱法、中子活化法、X 射线荧光光谱法、冷原子吸收法、冷原子荧光法等。其中，冷原子吸收法、冷原子荧光法是测定水中微量、痕量汞的特异方法，其干扰因素少，灵敏度较高。

（1）冷原子吸收法　汞蒸气对波长为 253.7nm 的紫外线有选择性吸收，在一定的浓度范围内，吸光度与汞浓度成正比。水样中的汞化合物经酸性高锰酸钾热消解，转化为无机的二价汞离子，再经亚锡离子还原为单质汞，用载气或振荡使之挥发，该原子蒸气对来自汞灯的辐射，显示出选择性吸收作用，通过吸光度的测定，分析待测水样中汞的浓度。

在运用这种测定方法时，要先取一定体积水样于锥形瓶中，加硫酸、硝酸和高锰酸钾溶液、过硫酸钾溶液，置沸水浴中使水样近沸状态下保温 1h，维持红色不褪，取下冷却。临近测定时滴加盐酸羟胺溶液，直至刚好使过剩的高锰酸钾褪色及二氧化锰全部溶解为止。接下来，依照水样介质条件，用 $HgCl_2$ 配制系列汞标准溶液。分别吸取适量汞标准溶液于还原瓶内，加入氯化亚锡溶液，迅速通入载气，记录表头的指示值。以经过空白校正的各测量值（吸光度）为纵坐标，相应标准溶液的汞浓度为横坐标，绘制出标准曲线。之后，取适量处理好的水样于还原瓶中，与标准溶液进行同样的操作，测定其吸光度，扣除空白值从标准曲线上查得汞浓度，如果水样经过稀释，要换算成原水样中汞的含量。其计算式为：

$$汞含量 = c \times \frac{V_0}{V} \times \frac{V_1 + V_2}{V_1}$$

式中，c 为试样测量所得汞含量，$\mu g/L$；V 为试样制备所取水样体积，mL；V_0 为试样制备最后定容体积，mL；V_1 为最初采集水样时体积，mL；V_2 为采样时加入试剂总体积，mL。

在运用这种测定方法时，还要注意以下几点。

第一，样品测定时，同时绘制标准曲线，以免因温度、灯源变化影响测定准确度。

第二,试剂空白应尽量低,最好不能检出。

第三,对汞含量高的试样,可采用降低仪器灵敏度或稀释办法满足测定要求,但以采用前者措施为宜。

(2) 冷原子荧光法　它是在原子吸收法的基础上发展起来的,是一种发射光谱法。汞灯发射光束经过由水样中所含汞元素转化的汞蒸气云时,汞原子吸收特定共振波的能量,使其由基态激发到高能态,而当被激发的原子回到基态时,将发出荧光,通过测定荧光强度的大小,即可测出水样中汞的含量,这就是冷原子荧光法的基础。检测荧光强度的检测器要放置在和汞灯发射光束成直角的位置上。本方法最低检出浓度为 $0.05\mu g/L$,测定上限可达到 $1\mu g/L$,且干扰因素少,适用于地面水、生活污水和工业废水的测定。

2. 双硫腙分光光度法

双硫腙分光光度法是测定多种金属离子的适用方法,如能掩蔽干扰离子和严格掌握反应条件,也能得到满意的结果。

水样于 95℃,在酸性介质中用高锰酸钾和过硫酸钾消解,将无机汞和有机汞转化为二价汞。用盐酸羟胺将过剩的氧化剂还原,在酸性条件下,汞离子与双硫腙生成橙色螯合物,用有机溶剂萃取,再用碱液洗去过剩的双硫腙,于 485nm 波长处测定吸光度。以标准曲线法求水样中汞的含量。

需要注意的是,汞的最低检出浓度(取 250mL 水样)为 0.002mg/L,测定上限为 0.04mg/L,本方法适用于工业废水和受汞污染的地面水的监测。

二、非金属污染物测定

(一) pH 的测定

天然水的 pH 在 7.2~8 的范围内。当水体受到酸、碱污染后,引起水体 pH 变化。对 pH 的测量,可以估计哪些金属已水解沉淀,哪些金属还留在水中。水体的酸污染主要来自于冶金、搪瓷、电镀、轧钢、金属加工等工业的酸洗工序和人造纤维、酸法造纸排出的废水,另一个来源是酸性矿山排水。碱污染主要来源于碱法造纸、化学纤维、制碱、制革、炼油等工业废水。水体受到酸碱污染后,pH 发生变化,在水体 pH<6.5 或 pH>8.5 时,水中微生物生长受到抑制,使得水体自净能力受到阻碍并腐蚀船舶和水中设施。酸对鱼类的鳃有不易恢复的腐蚀作用;碱会引起鱼鳃分泌物凝结,使鱼呼吸困难,不宜鱼类生存。长期受到酸、碱污染将导致人类生态系统的破坏。为了保护水体,我国规定河流水体的 pH 应在 6.5~8.5。测 pH 的方法，主要有以下两种。

1. 玻璃电极法

测 pH 的方法有玻璃电极法和比色法，其中玻璃电极法基本上不受溶液的颜色、浊度、胶体物质、氧化剂和还原剂以及高含盐量的干扰。但当 pH>10 时，产生较大的误差，使读数偏低，称为"钠差"。克服"钠差"的方法除了使用特制的"低钠差"电极外，还可以选用与被测溶液 pH 相近的标准缓冲溶液对仪器进行校正。

玻璃电极法的原理是，以饱和甘汞电极为参比电极，玻璃电极为指示电极组成电池，在 25℃ 下，溶液中每变化 1 个 pH 单位，电位差就变化 59.9mV，将电压表的刻度变为 pH 刻度，便可直接读出溶液的 pH，温度差异可以通过仪器上的补偿装置进行校正。

在运用该方法时，以下几点要特别予以注意。

第一，玻璃电极在使用前应浸泡激活。通常用邻苯二甲酸氢钾、磷酸二氢钾＋磷酸氢二钠和四硼酸钠溶液依次校正仪器，这三种常用的标准缓冲溶液，目前市场上有售。

第二，本实验所用蒸馏水为二次蒸馏水，电导率小于 $2\mu\Omega \cdot cm$，用前煮沸以排出 CO_2。

第三，pH 是现场测定的项目，最好把电极插入水体直接测量。

2. 比色法

酸碱指示剂在其特定 pH 范围的水溶液中产生不同颜色，向标准缓冲溶液中加入指示剂，将生成的颜色作为标准比色管，与加入同一种指示剂的水样显色管目视比色，可测出水样的 pH。本法适用于色度很低的天然水、饮用水等。如水样有色、浑浊或含较高的游离余氯、氧化剂、还原剂，均干扰测定。

（二）溶解氧的测定

溶解于水中分子状态的氧，就是溶解氧，以 DO 表示。溶解氧是水生生物生存不可缺少的条件。溶解氧的一个来源是水中溶解氧未饱和时，大气中的氧气向水体渗入；另一个来源是水中植物通过光合作用释放出的氧。溶解氧随着温度、气压、盐分的变化而变化；一般说来，温度越高，溶解的盐分越大，水中的溶解氧越低；气压越高，水中的溶解氧越高。溶解氧除了被通常水中硫化物、亚硝酸根、亚铁离子等还原性物质所消耗外，也被水中微生物的呼吸作用以及水中有机物质被好氧微生物氧化分解所消耗。所以说，溶解氧是衡量水体自净能力的一个指标。

天然水中溶解氧近于饱和值（9mg/L），藻类繁殖旺盛时，溶解氧呈过饱和。水体受有机物及还原性物质污染可使溶解氧降低，当DO小于4.5mg/L时，鱼类生活困难。当DO消耗速率大于氧气向水体中溶入的速率时，DO可趋近于0，厌氧菌得以繁殖使水体恶化。所以，溶解氧的大小，反映出水体受到污染，特别是有机物污染的程度，它是水体污染程度的重要指标，也是衡量水质的综合指标。

测定水中溶解氧的方法有碘量法及其修正法和膜电极法。清洁水可用碘量法，受污染的地面水和工业废水必须用修正的碘量法或膜电极法。

（三）氨氮的测定

水中的氨氮是指以游离氨（NH_3）和铵离子（NH_4^+）形式存在的氮，两者的组成比决定于水的pH，当pH偏高时，游离氨的比例较高，反之，则铵盐的比例高。水中氨氮来源主要包括以下几个方面：工农业污水和生活污水中含氮有机物受微生物作用的分解产物，如石油化工厂、化学制品厂、食品厂、化肥厂、炼焦厂等排放的废水，农业活动排放的废水。在有氧环境中，水中氨氮可转变为亚硝酸盐或硝酸盐。

我国水质分析工作者，把水体中溶解氧参数和铵浓度参数结合起来，提出水体污染指数的概念与经验公式，用以指导给水生产和作为评价给水水源水质优劣标准，所以氨氮是水质重要测量参数。氨氮的分析方法有滴定法、纳氏试剂分光光度法、苯酚-次氯酸盐分光光度法、氨气敏电极法等。

（四）硝酸盐氮的测定

硝酸盐是在有氧环境中最稳定的含氮化合物，也是含氮有机化合物经无机化作用最终的分解产物。清洁的地面水硝酸盐氮含量较低，受污染水体和一些深层地下水中含量较高。制革、酸洗废水、某些生化处理设施的出水及农田排水中常含大量硝酸盐。人体摄入硝酸盐后，经肠道中微生物作用转变成亚硝酸盐而呈现毒性作用。

水中硝酸盐氮的测定方法有酚二磺酸分光光度法、镉柱还原法、戴氏合金还原法、紫外分光光度法和离子选择电极法。其中，紫外分光光度法多用于硝酸盐氮含量高、有机物含量低的地表水测定。

在运用酚二磺酸分光光度法来测定硝酸盐氮时，具体步骤如下。

第一，绘制校准曲线。取9支50mL比色管，用吸量管分别加入硝酸盐氮标准使用液 0mL、0.10mL、0.30mL、0.50mL、0.70mL、1.00mL、5.00mL、7.00mL、10.0mL，加水至约 40mL，加氨水 3mL 使成碱性，稀释至标线，混匀。在波长 410nm 处，以水为参比，硝酸盐氮含量范围在 0.01~0.10mg 时，用 10mm 比色皿测量吸光度；硝酸盐氮含量范围在 0.001~0.0mg 时，用 30mm 比色皿测量吸光度。将测得的吸光度值减去零浓度管的吸光值后，就可以校正后的吸光度值对硝酸盐氮含量（mg）绘制校准曲线，绘制时要按比色皿光程长的不同分别绘制。

第二，测定水样。①水样混浊和带色时，可取 100mL 水样于具塞比色管中，加入 2mL 氢氧化铝悬浮液，密塞振摇，静置数分钟后，过滤，弃去 20mL 初滤液。②氯离子的去除，取 100mL 水样移入具塞比色管中，根据已测定的氯离子含量，加入相当量的硫酸银溶液，充分混合。在暗处放置 0.5h，使氯化银沉淀凝聚，然后用慢速滤纸过滤，弃去 20mL 初滤液。③亚硝酸盐的干扰，当亚硝酸盐氮含量超过 0.2mg/L 时，可取 100mL 水样加 1mL 0.5mol/L 硫酸，混匀后，滴加高锰酸钾溶液至淡红色保持 15min 不褪为止，使亚硝酸盐氧化为硝酸盐，最后从硝酸盐氮测定结果中减去亚硝酸盐氮量。④测定，取 50.0mL 经预处理的水样于蒸发皿中，用 pH 试纸检查，必要时用 0.5mol/L 硫酸或 0.1mol/L 氢氧化钠溶液调至 pH 约为 8，置水浴上蒸发至干。加 1.0mL 酚二磺酸，用玻璃棒研磨，使试剂与蒸发皿内残渣充分接触，静置片刻，再研磨一次，放置 10min，加入约 10mL 水。在搅拌下加入 3~4mL 氨水，使溶液呈现最深的颜色。如有沉淀，则过滤。将溶液移入 50mL 比色管中，稀释至标线，混匀。于波长 410nm 处，选用 10mm 或 30mm 比色皿，以水为参比，测量吸光度。

第三，空白试验。以水代替水样，按相同步骤进行全程序空白测定。

第四，计算硝酸盐氮的含量。公式如下：

$$硝酸盐氮(N, mg/L) = \frac{m}{V} \times 1000$$

式中，m 为从校准曲线上查得的硝酸盐氮量，mg；V 为分取水样的体积，mL。

经去除氯离子的水样，按下式计算：

$$硝酸盐氮(N, mg/L) = \frac{m}{V} \times 1000 \times \frac{V_1 + V_2}{V_1}$$

式中，V_1 为供去氯离子的试样取用量，mL；V_2 为硫酸银溶液加入量，mL。

（五）亚硝酸盐氮的测定

亚硝酸盐是含氮化合物分解过程的中间产物，极不稳定，可被氧化成硝酸盐，也易被还原成氨，所以取样后立即测定，才能检出 NO_2^-。它可与仲胺类（RRNH）化合物反应生成亚硝胺类（RRN-NO）化合物，而亚硝胺类化合物具有强烈的致癌性。所以 NO_2^- 是一种潜在的污染物，被列为水质必测项目之一。

1. 亚硝酸盐污染的来源

水体亚硝酸盐的主要来源是污水以及氮肥厂、染料厂、制药厂、试剂厂排放的废水。淡水、蔬菜中亦含有亚硝酸盐，含量不等，熏肉中含量很高。

2. 亚硝酸盐氮的测定方法

亚硝酸盐氮的测定，通常采用重氮偶合比色法，按试剂不同分为 N-(1-萘基)-乙二胺比色法和 α-萘胺比色法。两者的原理和操作基本相同。

接下来，重点介绍一下 N-(1-萘基)-乙二胺比色法。本法适用于饮用水、地面水、地下水、生活污水和工业废水中亚硝酸盐氮的测定。在 pH 为 1.8 ± 0.3 的磷酸介质中，亚硝酸盐与对氨基苯磺酰胺反应，生成重氮盐，再与 N-(1-萘基)-乙二胺偶联生成红色染料，于 540nm 处进行比色测定。最低检出浓度为 0.003mg/L，测定上限为 0.20mg/L。

在运用该方法时，要特别注意两个方面。一方面，水样中如有强氧化剂或还原剂时则干扰测定，可取水样加 $HgCl_2$ 溶液过滤除去。Fe^{3+}、Ca^{2+} 的干扰，可分别在显色之前加 KF 或 EDTA 掩蔽。水样如有颜色和悬浮物时，可于 100mL 水样中加入 2mL 氢氧化铝悬浮液进行脱色处理，滤去 $Al(OH)_3$ 沉淀后再进行显色测定。另一方面，实验用水均为不含亚硝酸盐的水，制备时于普通蒸馏水中加入少许 $KMnO_4$ 晶体，使呈红色，再加 $Ba(OH)_2$ 或 $Ca(OH)_2$ 使呈碱性。置全玻璃蒸馏器蒸馏，弃去 50mL 初馏液，收集中间约 70% 不含锰的馏出液。

（六）氰化物的测定

氰化氢（HCN）及其盐类（如 KCN、NaCN）是最主要的氰化物。氰化物是一种剧毒物质，也是一种广泛应用的重要工业原料。在天然物质中，如苦杏仁、枇杷仁、桃仁、木薯及白果，均含有少量 KCN。一般在自然水体中不会出现氰化物，水体受到氰化物的污染，往往是由于工厂排放废水以及使用含有氰化物的杀虫剂所引起。人误服或在工作环境中吸入氰化物时，会造成中毒。

氰化物的测定方法，主要有硝酸银滴定法、分光光度法、离子选择电极法等。测定之前，通常先将水样在酸性介质中进行蒸馏，把能形成氰化氢的氰化物蒸出，使之与干扰组分分离。常用的蒸馏方法有两种：一种是酒石酸-硝酸锌预蒸馏，即在水样中加入酒石酸和硝酸锌，在 pH 约为 4 的条件下加热蒸馏，简单氰化物及部分络合氰以 HCN 的形式蒸馏出来，用氢氧化钠溶液吸收，取此蒸馏液测得的氰化物为易释放的氰化物；二是磷酸-EDTA 预蒸馏，即向水样中加入磷酸和 EDTA，在 pH<2 的条件下，加热蒸馏，利用金属离子与 EDTA 配位能力比与 CN^- 强的特性，使络合氰化物离解出 CN^-，并在磷酸酸化的情况下，以 HCN 形式蒸馏出。此法测得的是全部简单氰化物和绝大部分络合氰化物，而钴氰络合物则不能蒸出。

第三节　水环境中有机化合物的测定

水体中含有多种有机化合物，而且有机化合物的污染源主要有农药、医药、染料以及化工企业排放的废水。由于难以对有机化合物每一个组分逐一定量测定，因而多采用测定有机化合物的综合指标来间接表征有机化合物的含量。具体来看，有机化合物的测量综合指标主要有以下几个。

一、化学需氧量的测定

所谓化学需氧量（COD），就是在一定条件下，氧化 1L 水样中还原性物质所消耗的氧化剂的量，以氧的质量浓度（mg/L）表示。化学需氧量反映了水体受还原性物质污染的程度。水中的还原性物质包括有机物、亚硝酸盐、亚铁盐、硫化物等。水被有机物污染是很普遍的，因此化学需氧量也作为有机物相对含量的指标之一。

化学需氧量随测定时所用氧化剂的种类、浓度、反应温度和时间、溶液的酸度、催化剂等变化而不同。水样中化学需氧量的测定方法，主要有以下几种。

（一）重铬酸钾法（HJ 828—2017）

在水样中加入已知量的重铬酸钾溶液，并在强酸介质下以银盐作催化剂，按照图 2-13 所示装置回流 2h 后，以试亚铁灵为指示剂，用硫酸亚铁铵滴定水样中未被还原的重铬酸钾，由消耗的重铬酸钾的量计算出消耗氧的质量浓度。

注1：在酸性重铬酸钾条件下，芳烃和吡啶难以被氧化，其氧化率较低。在硫酸银催化作用下，直链脂肪族化合物可有效地被氧化。

注2：无机还原性物质如亚硝酸盐、硫化物和二价铁盐等将使测定结果增大，其需氧量也是 COD_{Cr} 的一部分。

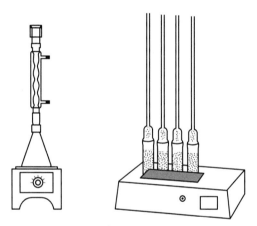

图 2-13 化学需氧量测定的两种回流装置

在运用重铬酸钾法来测定化学需氧量时，可以遵循下面的步骤。

1. COD_{Cr} 浓度≤50mg/L 的样品

（1）样品测定

① 取 10.0mL 水样于锥形瓶中，依次加入硫酸汞溶液（$\rho=100$g/L）、重铬酸钾标准溶液 $\left[c\left(\dfrac{1}{6}K_2Cr_2O_7\right)=0.0250\text{mol/L}\right]$ 5.00mL 和几颗防暴沸玻璃珠，摇匀。硫酸汞溶液按质量比 $m[HgSO_4]:m[Cl^-] \geqslant 20:1$ 的比例加入，最大加入量为 2mL。

② 将锥形瓶连接到回流装置冷凝管下端，从冷凝管上端缓慢加入 15mL 硫酸银-硫酸溶液，以防止低沸点有机物的逸出，不断旋动锥形瓶使之混合均

匀。自溶液开始沸腾起保持微沸回流2h。若为水冷装置，应在加入硫酸银-硫酸溶液之前通入冷凝水。

③ 回流并冷却后，自冷凝管上端加入45mL水冲洗冷凝管，取下锥形瓶。

④ 溶液冷却至室温后，加入3滴试亚铁灵指示剂溶液，用硫酸亚铁铵标准溶液$\{c[(NH_4)_2Fe(SO_4)_2 \cdot 6H_2O] \approx 0.05 mol/L\}$滴定，溶液的颜色由黄色经蓝绿色变为红褐色即为终点。记录硫酸亚铁铵标准溶液的消耗体积V_1。

注：样品浓度低时，取样体积可适当增加，同时其他试剂量也应按比例增加。

(2) 空白试验　按(1)相同的步骤以10.0mL实验用水代替水样进行空白试验，记录空白滴定时消耗硫酸亚铁铵标准溶液的体积V_0。

注：空白试验中硫酸银-硫酸溶液和硫酸汞溶液（硫酸汞溶液：$\rho=100g/L$）的用量应与样品中的用量保持一致。

2. COD_{Cr} 浓度＞50mg/L 的样品

(1) 样品测定

取10.0mL水样于锥形瓶中，依次加入硫酸汞溶液（$\rho=100g/L$）、重铬酸钾标准溶液$\left[c\left(\frac{1}{6}K_2Cr_2O_7\right)=0.250mol/L\right]$5.00mL和几颗防暴沸玻璃珠，摇匀。其他操作与1.相同。

待溶液冷却至室温后，加入3滴试亚铁灵指示剂溶液，用硫酸亚铁铵标准溶液滴定，溶液的颜色由黄色经蓝绿色变为红褐色即为终点。记录硫酸亚铁铵标准溶液的消耗体积V_1。

注：对于污染严重的水样，可选取所需体积1/10的水样放入硬质玻璃管中，加入1/10的试剂，摇匀后加热至沸腾数分钟，观察溶液是否变成蓝绿色。如呈蓝绿色，应再适当少取水样，直至溶液不变蓝绿色为止，从而可以确定待测水样的稀释倍数。

(2) 空白试验　按(1)相同步骤以10.0mL实验用水代替水样进行空白试验，记录空白滴定时消耗硫酸亚铁铵标准溶液的体积V_0。

按以下公式计算样品中化学需氧量的质量浓度$\rho(mg/L)$。

$$\rho = \frac{C \times (V_0 - V_1) \times 8000}{V_2} \times f$$

式中　C——硫酸亚铁铵标准溶液的浓度，mol/L；

V_0——空白试验所消耗的硫酸亚铁铵标准溶液的体积，mL；

V_1——水样测定所消耗的硫酸亚铁铵标准溶液的体积，mL；

V_2——加热回流时所取水样的体积，mL；

f——样品稀释倍数；

8000——$\frac{1}{4}$ O_2 的摩尔质量以 mg/L 为单位的换算值。

当 COD_{Cr} 测定结果小于 100mg/L 时保留至整数位；当测定结果大于或等于 100mg/L 时，保留三位有效数字。

（二）快速消解分光光度法

试样中加入已知量的重铬酸钾溶液，在强硫酸介质中，以硫酸银作为催化剂，经高温消解后，溶液中的铬以 $Cr_2O_7^{2-}$ 和 Cr^{3+} 两种形态存在，用分光光度法测定 COD 值。

由吸收曲线（图 2-14）可知，在 600nm±20nm 波长处 Cr^{3+} 有吸收而 $Cr_2O_7^{2-}$ 无吸收，而在 440nm±20nm 波长处 Cr^{3+} 和 $Cr_2O_7^{2-}$ 均有吸收。若水样的 COD 值为 100mg/L 至 1000mg/L 时，配制 COD 值为 100mg/L 至 1000mg/L 范围内的标准系列溶液，经高温快速消解后，在 (600±20)nm 波长处分别测定标准系列溶液中和水样中还原产生的 Cr^{3+} 的吸光度 A_i 和 A_x，同时测定空白实验溶液的吸光度 A_0。以吸光度 $A(A_i-A_0)$ 为纵坐标，以标准系列溶液的 COD 值为横坐标，绘制标准曲线，根据标准曲线方程计算试样的 COD 值。若试样中 COD 值为 15mg/L 至 250mg/L 时，在 (600±20)nm 波长处 $Cr_2O_7^{2-}$ 的吸光度值很小，为了减小测量误差，可以在 (440+20)nm 波长处测定重铬酸钾未被还原的六价铬和被还原产生的三价铬的总吸光度。试样中 COD 值与 $Cr_2O_7^{2-}$ 吸光度减少值成正比例关系，与 Cr^{3+} 吸光度增加值成正比例关系，且与总吸光度减少值成正比例关系。配制 COD 值为 15mg/L 至 250mg/L 范围内的标准系列溶液，经高温快速消解后，在 (440±20)nm 波长处分别测定标准系列溶液和水样中 $Cr_2O_7^{2-}$ 和 Cr^{3+} 的总吸光度 A_i 和 A_x，同时测定空白实验溶液的吸光度 A_0。以吸光度 $A(A_0-A_i)$ 为纵坐标，以标准系列溶液的 COD 值为横坐标，绘制标准曲线，根据标准曲线方程计算试样的 COD 值。

该方法适用于地表水、地下水、生活污水和工业废水中 COD 的测定。对未经稀释的水样，其 COD 测定下限为 15mg/L，测定上限为 1000mg/L，氯离子浓度不应大于 1000mg/L。对于 COD 大于 1000mg/L 或氯离子含量大于 1000mg/L 的水样，可经适当稀释后进行测定。

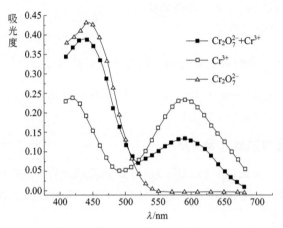

图 2-14 $Cr_2O_7^{2-}$、Cr^{3+} 及 $Cr_2O_7^{2-}$ 与 Cr^{3+} 混合液的吸收曲线

在 (600±20)nm 处测试时，Mn(Ⅲ)、Mn(Ⅳ) 或 Mn(Ⅶ) 形成红色物质，会引起正偏差；而在 (440±20)nm 处，锰溶液（硫酸盐形式）的影响比较小。另外，若工业废水中存在高浓度的有色金属离子，对测定结果可能也会产生一定的影响。为了减少高浓度有色金属离子对测定结果的影响，应将水样适当稀释后进行测定，并选择合适的测定波长。

（三）碘化钾碱性高锰酸钾法

在碱性条件下，在水样中加入一定量的高锰酸钾溶液，在沸水浴中反应一定时间，以氧化水中的还原性物质。加入过量的碘化钾，还原剩余的高锰酸钾，以淀粉为指示剂，用硫代硫酸钠滴定释放出来的碘。根据消耗高锰酸钾的量，换算成相对应的氧的质量浓度，用 COD_{OH-KI} 表示。该方法适用于油气田和炼化企业高氯废水中化学需氧量的测定。

由于碘化钾碱性高锰酸钾法与重铬酸盐法的氧化条件不同，对同一样品的测定值也不同。而我国的污水综合排放标准中 COD 指标是指重铬酸钾法的测定结果。可按下式将 COD_{OH-KI} 换算为 COD_{Cr}：

$$COD_{Cr} = \frac{COD_{OH-KI}}{K}$$

式中，K 为碘化钾碱性高锰酸钾法的氧化率与重铬酸盐法氧化率的比值，可以分别用碘化钾碱性高锰酸钾法和重铬酸盐法测定同一有代表性的废水样品的需氧量来确定。

若用碘化钾碱性高锰酸钾法和重铬酸盐法测定同一有代表性的废水样品的需氧量分别为 COD_1 和 COD_2，则 K 值可以用下式计算得出：

$$K=\frac{COD_1}{COD_2}$$

若水中含有几种还原性物质，则取它们的加权平均 K 值作为水样的 K 值。

（四）氯气校正法

按照重铬酸钾法测定的 COD 值即为表观 COD。将水样中未络合而被氧化的那部分氯离子所形成的氯气导出，用氢氧化钠溶液吸收后，加入碘化钾，用硫酸调节溶液 pH 为 2～3，以淀粉为指示剂，用硫代硫酸钠标准溶液滴定，由此计算出与氯离子反应消耗的重铬酸钾，并换算为消耗氧的质量浓度，即为氯离子校正值。表观 COD 与氯离子校正值的差即为所测水样的 COD。

氯气校正法适用于氯离子含量小于 20000mg/L 的高氯废水中化学需氧量的测定，主要用于油田、沿海炼油厂、油库、氯碱厂等废水中 COD 的测定。具体运用该方法进行测定时，要先按图 2-15 连接好装置。通入氮气（5～10mL/min），加热，自溶液沸腾起回流 2h。停止加热后，加大气流（30～40mL/min），继续通氮气约 30min。取下吸收瓶，冷却至室温，加入 1.0g 碘化钾，然后加入 7mL 硫酸（2mol/L），调节溶液 pH 为 2～3，放置 10min，用硫代硫酸钠标准溶液滴定至淡黄色，加入淀粉指示液，然后继续滴定至蓝色刚刚消失，记录消耗硫代硫酸钠标准溶液的体积。待锥形瓶冷却后，从冷凝管上端加入一定量的水，取下锥形瓶。待溶液冷却至室温后，加入 3 滴 1,10-邻菲罗啉，用硫酸亚铁铵标准溶液滴定至溶液的颜色由黄色经蓝绿色变为红褐色为终点。

以 20.0mL 水代替试样进行空白试验，按照同样的方法测定消耗硫酸亚铁铵标准溶液的体积。结果按下式计算：

$$表观 COD(mg/L)=\frac{c_1(V_1-V_2)M}{4V_0}\times 10^3$$

$$氯离子校正值(mg/L)=\frac{c_2V_3M}{4V_0}\times 10^3$$

式中，c_1 为硫酸亚铁铵标准溶液的浓度，mol/L；c_2 为硫代硫酸钠标准溶液的浓度，mol/L；V_1 为空白试验消耗硫酸亚铁铵标准溶液的体积，mL；

V_2 为试样测定时消耗硫酸亚铁铵标准溶液的体积，mL；V_3 为吸收液测定消耗硫代硫酸钠标准溶液的体积，mL；V_0 为试样的体积，mL；M 为氧气的摩尔质量，g/mol。

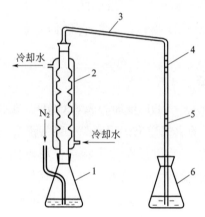

图 2-15　回流吸收装置

1—插管锥形瓶；2—冷凝管；3—导出管；4,5—硅橡胶接管；6—吸收瓶

二、总有机碳的测定

所谓总有机碳（TOC），就是溶解和悬浮在水中所有有机物的含碳量，是以碳的含量表示水体中有机物质总量的综合指标。近年来，国内外已研制各种总有机碳分析仪，按工作原理可分为燃烧氧化-非分散红外吸收法、电导法、气相色谱法、湿法氧化-非分散红外吸收法等。目前广泛采用燃烧氧化-非分散红外吸收法。

（一）差减法

将试样连同净化气体分别导入高温燃烧管（900℃）和低温反应管（150℃）中，经高温燃烧管的试样被高温催化氧化，其中的有机碳和无机碳均转化为二氧化碳，低温石英管中装有磷酸浸渍的玻璃棉，能使无机碳酸盐在150℃分解为二氧化碳，而有机物却不能被氧化分解。将两种反应管中生成的二氧化碳分别导入非分散红外检测器，分别测得总碳（TC）和无机碳（IC），二者之差即为总有机碳（TOC）。

（二）直接法

试样经过酸化将其中的无机碳转化为二氧化碳，曝气去除二氧化碳后，再将试样注入高温燃烧管中，以铝和三氧化二铝为催化剂，使有机物燃烧转化为二氧化碳，导入非分散红外检测器直接测定总有机碳。

该方法适用于地表水、地下水、生活污水和工业废水中总有机碳（TOC）的测定，检出限为 0.1mg/L，测定下限为 0.5mg/L。

由于该法可使水样中的有机物完全氧化，因此 TOC 比 COD、BOD_5 和高锰酸盐指数能更准确地反映水样中有机物的总量。当地表水中无机碳含量远高于总有机碳时，会影响总有机碳的测定精度。地表水中常见共存离子无明显干扰。当共存离子浓度较高时，可影响红外吸收，用无二氧化碳水稀释后再测。

三、高锰酸盐指数的测定

所谓高锰酸盐指数，就是在一定条件下，以高锰酸钾为氧化剂氧化水样中的还原性物质所消耗的高锰酸钾的量，以氧的质量浓度（mg/L）来表示。因高锰酸钾在酸性介质中的氧化能力比在碱性介质中的氧化能力强，故常分为酸性高锰酸钾法和碱性高锰酸钾法，分别适用于不同水样的测定。以酸性高锰酸钾法为例介绍如下。

（1）取 50.0mL 充分摇动、混合均匀的水样（或分取适量，用蒸馏水稀释至 50mL），置于 250mL 锥形瓶中，加入 5mL±0.5mL（1+3）硫酸，用滴定管加入 10.00mL 高锰酸钾标准溶液，摇匀。将锥形瓶置于沸水浴中加热 30min±2min（水浴沸腾时放入样品，重新沸腾后开始计时）。

（2）达到预定时间后用滴定管加入 10.00mL 草酸钠标准溶液，至溶液变为无色。趁热用高锰酸钾标准溶液滴定至刚出现粉红色，可保持 30s 不褪色。记录所消耗高锰酸钾溶液的体积 V_1。

（3）空白试验：用 50mL 蒸馏水代替水样，按上述顺序测定，记下回滴的高锰酸钾标准溶液体积 V_0。

（4）向空白试验滴定后的溶液中加入 10.00mL 草酸钠溶液。若有需要，将溶液加热至 80℃。用高锰酸钾标准溶液继续滴定至刚出现粉红色，并可保持 30s 不褪色。记录下消耗的高锰酸钾标准溶液体积 V_2。

高锰酸盐指数（O_2，mg/L）按下式计算：

$$I_{Mn} = \frac{(V_1 - V_0)K \times c_2 \times 16 \times 1000}{V}$$

式中　V_1——滴定水样所消耗的高锰酸钾溶液的体积，mL；

　　　V_0——空白试验所消耗的高锰酸钾溶液的体积，mL；

　　　V——水样体积，mL；

　　　K——高锰酸钾溶液的校正系数；

　　　c_2——草酸钠标准溶液的浓度，mol/L；

　　　16——氧原子摩尔质量，g/mol；

　　　1000——氧原子摩尔质量 g 转换为 mg 的变换系数。

校正系数 K

$$K = \frac{10.0}{V_2}$$

式中　10.0——加入草酸钠标准溶液的体积，mL；

　　　V_2——标定时消耗的高锰酸钾溶液的体积，mL。

国际标准化组织（ISO）建议高锰酸盐指数仅限于测定地表水、饮用水和生活污水。

若水样中氯离子含量不高于 300mg/L 时，采用酸性高锰酸钾法；若氯离子含量高于 300mg/L 时，采用碱性高锰酸钾法。

四、生化需氧量的测定

所谓生化需氧量（BOD），就是在规定的条件下，微生物分解水中某些物质（主要为有机物）的生物化学过程中所消耗的溶解氧。由于规定的条件是在 (20 ± 1)℃条件下暗处培养 5d，因此被称为五日生化需氧量，用 BOD_5 表示，单位为 mg/L。BOD_5 是反映水体被有机物污染程度的综合指标，也是研究污水的可生化降解性和生化处理效果，以及生化处理污水工艺设计和动力学研究中的重要参数。五日生化需氧量的测定方法，主要有以下几种。

（一）溶解氧含量测定法

溶解氧的含量测定法是分别测定培养前后培养液中溶解氧的含量，进而计算出 BOD_5 的值，根据水样是否稀释或接种又分为非稀释法、非稀释接种法、稀释法和稀释接种法。

1. 非稀释法

如样品中的有机物含量较少，BOD_5 的质量浓度不大于 6mg/L，且样品中有足够的微生物，用非稀释法测定。

(1) 水样的采集与保存　采集的样品应充满并密封于棕色玻璃瓶中，样品量不小于1000mL，在0~4℃的暗处运输和保存，并于24h内尽快分析。

(2) 试样的制备与培养　若样品中溶解氧浓度低，需要用曝气装置曝气15min，充分振摇赶走样品中残留的空气泡；若样品中氧过饱和，使样品量达到容器2/3体积，用力振荡赶出过饱和氧。将试样充满溶解氧瓶中，使试样少量溢出，防止试样中的溶解氧质量浓度改变，使瓶中存在的气泡靠瓶壁排出，盖上瓶塞。在制备好的试样的溶解氧瓶上加上水封，在瓶塞外罩上密封罩，防止培养期间水封水蒸发干，在恒温培养箱中于(20±1)℃条件下培养5d±4h。

(3) 溶解氧的测定与结果计算　在制备好试样15min后测定试样在培养前溶解氧的质量浓度，在培养5d后测定试样在培养后溶解氧的质量浓度。测定前待测试样的温度应达到(20±1)℃测定方法可采用碘量法或电化学探头法，按下式计算BOD_5：

$$BOD_5(O_2, mg/L) = DO_1 - DO_2$$

式中，DO_1为水样在培养前溶解氧的质量浓度，mg/L；DO_2为水样在培养后溶解氧的质量浓度，mg/L。

2. 非稀释接种法

若样品中的有机物含量较少，BOD_5的质量浓度不大于6mg/L，且样品中缺少足够的微生物，如酸性废水、碱性废水、高温废水、冷冻保存的废水或经过氯化处理等的废水，须采用非稀释接种法测定。所谓接种，就是向不含有或少含有微生物的工业废水中引入能分解有机物的微生物的过程。用来进行接种的液体称为接种液。

(1) 接种液的制备　获得适用的接种液的方法有：购买接种微生物用的接种物质，按说明书的要求操作配制接种液；采用未受工业废水污染的生活污水，要求化学需氧量不大于300mg/L，总有机碳不大于100mg/L；采取含有城镇污水的河水或湖水；采用污水处理厂的出水。

当需要测定某些含有不易被一般微生物所分解的有机物工业污水的BOD时，需要进行微生物的驯化。通常在工业废水排污口下游适当处取水样作为废水的驯化接种液，也可采用一定量的生活污水，每天加入一定量的待测工业废水，连续曝气培养，当水中出现大量的絮状物时(驯化过程一般需3~8d)，表明微生物已繁殖，可用作接种液。

(2) 接种水样、空白样的制备与培养　水样中加入适量的接种液后作为接种水样，按非稀释法同样的培养方法培养。若试样中含有硝化细菌，有可能发生硝化反应，需在每升试样中加入 2mL 丙烯基硫脲硝化抑制剂（1.0g/L）。在每升稀释水中加入与接种水样相同量的接种液作为空白样，需要时每升空白样中加入 2mL 丙烯基硫脲硝化抑制剂（1.0g/L）。与接种水样同时、同条件进行培养。

(3) 溶解氧的测定与结果计算　采用碘量法或电化学探头法分别测定培养前后接种水样、空白样中溶解氧的质量浓度，按下式计算 BOD_5：

$$BOD_5(O_2,mg/L)=(DO_1-DO_2)-(D_1-D_2)$$

式中，DO_1 为接种水样在培养前溶解氧的质量浓度，mg/L；DO_2 为接种水样在培养后溶解氧的质量浓度，mg/L；D_1 为空白样在培养前溶解氧的质量浓度，mg/L；D_2 为空白样在培养后溶解氧的质量浓度，mg/L。

3. 稀释法

若试样中的有机物含量较多，BOD_5 的质量浓度大于 6mg/L，且样品中有足够的微生物，采用稀释法测定。

(1) 水样的预处理　若样品或稀释后样品 pH 值不在 6~8 的范围内，应用盐酸溶液（0.5mol/L）或氢氧化钠溶液（0.5mol/L）调节其 pH 值至 6~8；若样品中含有少量余氯，一般在采样后放置 1~2h，游离氯即可消失。对在短时间内不能消失的余氯，可加入适量亚硫酸钠溶液去除样品中存在的余氯和结合氯；对于含有大量颗粒物、需要较大稀释倍数的样品或经冷冻保存的样品，测定前均需将样品搅拌均匀；若样品中有大量藻类存在，会导致 BOD_5 的测定结果偏高。当分析结果精度要求较高时，测定前应用滤孔为 1.6μm 的滤膜过滤，检测报告中注明滤膜滤孔的大小。

(2) 稀释水的制备　在 5~20L 的玻璃瓶中加入一定量的水，控制水温在 (20±1)℃用曝气装置至少曝气 1h，使稀释水中的溶解氧达到 8mg/L 以上。使用前每升水中加磷酸盐缓冲溶液、硫酸镁溶液（μg/L）、氯化钙溶液（27.6g/L）和三氯化铁溶液（0.15g/L）各 1.0mL，混匀，于 20℃保存。在曝气的过程中应防止污染，特别是防止带入有机物、金属、氧化物或还原物。稀释水中氧的质量浓度不能过饱和，使用前需开口放置 1h，且应在 24h 内使用。

(3) 稀释水样、空白样的制备与培养　用稀释水稀释后的样品作为稀释水样。按照确定的稀释倍数，将一定体积的试样或处理后的试样用虹吸管加入已盛有部分稀释水的稀释容器中，加稀释水至刻度，轻轻混合避免残留气泡。若稀释倍数超过100倍，可进行两步或多步稀释。若样品中含有硝化细菌，有可能发生硝化反应，需在每升培养液中加入2mL丙烯基硫脲硝化抑制剂（1.0g/L）。在制备好的稀释水样的溶解氧瓶上加上水封，在瓶塞外罩上密封罩，在恒温培养箱中于（20±1）℃条件下培养5d±4h。

以稀释水作为空白样，需要时每升稀释水中加入2mL丙烯基硫脲硝化抑制剂（1.0g/L）。与稀释水样同时、同条件进行培养。

（4）溶解氧的测定与结果计算 采用碘量法或电化学探头法分别测定培养前后稀释水样、空白样中溶解氧的质量浓度，按下式计算BOD_5：

$$BOD_5(O_2,mg/L) = \frac{(DO_1 - DO_2) - (D_1 - D_2)f_1}{f_2}$$

式中，DO_1为接种水样在培养前溶解氧的质量浓度，mg/L；DO_2为接种水样在培养后溶解氧的质量浓度，mg/L；D_1为空白样在培养前溶解氧的质量浓度，mg/L；D_2为空白样在培养后溶解氧的质量浓度，mg/L；f_1为稀释水在培养液中所占比例；f_2为水样在培养液中所占比例。

（二）微生物传感器快速测定法

所谓微生物传感器，就是由氧电极和微生物菌膜组成，当含有饱和溶解氧的样品进入流通池中与微生物传感器接触时，样品中溶解的可生化降解的有机物受到微生物菌膜中菌种的作用而消耗一定量的氧，使扩散到氧电极表面上氧质量减少。当样品中可生化降解的有机物向菌膜扩散速度（质量）达到恒定时，此时扩散到氧电极表面上的氧质量也达到恒定，从而产生一个恒定的电流。由于恒定电流差值与氧的减少量存在定量关系，可直接读取仪器显示浓度值，或由工作曲线查出水样中的BOD_5。该法适用于地表水、生活污水及不含对微生物有明显毒害作用的工业废水中BOD_5的测定。

（三）测压法

在密闭的培养瓶中，系统中的溶解氧由于微生物降解有机物而不断消耗。产生与耗氧量相当的CO_2被吸收后，使密闭系统的压力降低，通过压力计测出压力降，即可求出水样的BOD_5。在实际测定中，先以标准葡萄糖-谷氨酸溶液的BOD和相应的压差进行曲线校正，便可直接读出水样的BOD_5。

五、总需氧量的测定

所谓总需氧量（TOD），就是水中能被氧化的物质，主要是有机质在燃烧中变成稳定的氧化物时所需要的氧量，结果以氧气的质量浓度（mg/L）表示。

总需氧量常用 TOD 测定仪来测定，将一定量水样注入装有铂催化剂的石英燃烧管中，通入含已知氧浓度的载气（氮气）作为原料气，则水样中的还原性物质在 900℃下被瞬间燃烧氧化，测定燃烧前后原料气中氧浓度减少量，即可求出水样的 TOD 值。

TOD 是衡量水体中有机物污染程度的一项指标。TOD 值能反映几乎全部有机物质经燃烧后变成 CO_2、H_2O、SO_2 等所需要的氧量，它比 BOD_5、COD 和高锰酸盐指数更接近理论需氧量值。有资料表明，BOD/TOD 为 0.1～0.6，COD/TOD 为 0.5～0.9，但它们之间没有固定相关关系，具体比值取决于污水性质。

第四节　水环境生物监测

水环境生物监测，是以生物（如水中细菌、水体中的底栖生物）为对象或手段进行的水环境监测，是对水环境生物要素进行的监测。

一、水环境生物监测的方法

水环境生物监测的方法，主要有以下几种。

（一）微生物群落监测法

微生物群落监测对象为微生物在水环境中出现的物种频率、相对数量等。经由多年发展，我国逐步建立适用于我国生态环境的微生物群落监测体系，且数学分析在监测分析中发挥的作用越加显著。基于计算机、大数据、云计算技术的发展，将实现更大范围地揭示生物群落参数变化规律，并获得精确的监测结果。

（二）底栖、两栖动物监测法

底栖、两栖动物监测，主要是通过评价示生物在水体中出现或消失、数量多少情况，对水质进行判断。底栖动物水质评价参数包括 Saprobic 指数、BI 指数、群落多样性指数等；两栖动物发育过程对环境因子变化敏感，其行为与生理指标可对水体质量进行监控。

（三）生物行为反应监测法

生物行为反应监测的对象是生物受污染物影响后产生的趋利避害行为反应或生理机能变化情况，常用监测生物包括鱼类、双壳软体动物、水蚤等。其中，鱼类最为常用，如斑马鱼、鲤鱼、金鱼等，较多运用于淡水环境；海洋监测中，多以双壳类生物活体为监测对象，且在国外已经取得较好的研究进展与应用示范；水蚤作为生物监测的指示生物，通过光电检测器测算水蚤位移能力、判断水蚤生命活动，可掌握水质受污染情况，同时水蚤死亡率、繁殖能力可作为污染物毒性判断依据。

结合相关实践经验分析可得，生物行为反应监测实现在线监测、早期预警，实际应用价值高，且在部分地区已经实现商业化发展。基于计算机图形化、自动化技术的发展，可进一步提高生物动态行为监测精确性，高效、自动分析生物动态行为轨迹数据，完善生物行为模型的构建工作，为水环境分析提供直接可视化的参考数据。

（四）发光细菌监测法

发光细菌监测是一种较为成熟的监测方法，灵敏度高，适用范围广，可监测得到水样中大多数的有毒物质，是经由标准认证的方法。此种方法在水环境有机物、重金属等毒性物质监测方面优势显著，但是操作相对烦琐，容易出现误差。基于电子技术的发展，为发光细菌法的应用提供了可靠支撑，进一步提高监测有效性。

（五）其他生物监测方法

随着生物监测方法的不断研究与发展，各种新型监测技术开始出现，如以幼虫变态、生物分子活性等为指标进行水环境监测，海底底栖无脊椎动物变态期幼体对污染物敏感性较高，变态过程易受环境污染干扰；生物传感器及生物电化学监测，主要是利用分子元件对被测物质进行识别，如：生物体内酶、抗体、激素、DNA 等，由此评价、预测污染对环境的影响。

二、水环境生物监测方法的应用

在应用水环境生物监测方法时，应定位在以流域为单元、以各级支流为监测区段，构建完善的监测体系，并实现环境管理目标由"污染防治"朝着"生态健康"的方向发展。水环境生物监测方法的具体应用要点如下。

第一，构建水环境生物监测技术体系。水环境生物监测技术体系构建情况直接影响到水环境管理效果。对此，需完善生物监测指标、技术方法标准、评价方法体系，整个业务体系包括微生物监测、生物群落监测、生物毒理试验以及水环境生态质量监测等，实现水环境生态完整性评价与管理。

第二，完善水环境生物监测网络。在现有生态监测网络基础上，需积极补充监测网点，提高监测能力，完善全国水环境生物监测网络，切实涵盖各大流域，有效评价水环境生态质量状况，全面摸清流域水环境污染情况，为国家水环境保护与管理提供服务。

第三，建立生物监测数据管理平台。基于现代信息技术的不断发展，在对生物监测技术不断研发的基础上，应进一步完善生物监测数据报送、存储、管理工作，构建一体化管理平台，完善全国监测数据收集管理、流域环境质量评价工作。

第四，夯实生物监测人才保障体系。水环境生物监测保障主要包括专业人才引进、培训等工作，构建生物监测专家库，打造具备专业素养的生物监测队伍，保障水环境生物监测工作的顺利开展。

第五节　地表水水质指标测定

一、水样水温的测定

（一）概述

水的物理化学性质与水温有密切关系。水中溶解性气体（如氧、二氧化碳等）的溶解度，水中生物活动，非离子氨、盐度、pH值以及碳酸饱和度等都受水温变化的影响。

温度为现场监测项目之一，常用的方法有水温计法、深水温度计法、颠倒温度计法和热敏电阻温度计法。水温计法用于地表水、污水等浅层水温的测量，颠倒温度计用于湖库等深层水温的测量。

（二）水温计法

1. 仪器

水温计的水银温度计安装在金属半圆槽壳内，开有读数窗孔，下端连接一个金属储水杯，温度表水银球部悬于杯中，其顶端的槽壳带一圆环，拴以一定长度的绳子。测温范围通常为 $-6 \sim 41℃$，最小分度为 $0.2℃$。

2. 测量步骤

将水温计插入一定深度的水中，放置 5min 后，迅速提出水面并读取温度值。当气温与水温相差较大时，尤应注意立即读数，避免受气温影响。必要时，重复插入水中，再一次读数。

（三）颠倒温度计法

1. 仪器

颠倒温度计由主温表和辅温表构成。主温表是双端式水银温度计，用于观测水温；辅温表为普通水银温度计，用于观测读取水温时的气温，以校正因环境温度改变而引起的主温表读数的变化。测量范围：主温表 $-2℃ \sim 32℃$，分度值为 $0.1℃$。辅温表 $-20℃ \sim 50℃$，分度值为 $0.5℃$。

2. 测量步骤

颠倒温度计随颠倒采水器沉入一定深度的水层，放置 10min 后，使采水器完成颠倒动作后，提出水面立即读数（辅温读至一位小数，主温读至两位小数）。

根据主、辅温度的度数，分别查主、辅温度表的器差表（依温度表检定证中的检定值线性内插做成）得相应的校正值。

当水温测量不需要十分精确时，则主温表的订正值可作为水温的测量值。

如需精确测量，则应进行颠倒温度表的校正。

闭端颠倒温度表的校正值 K 的计算公式为：

$$K = (T-t)(T+V_0)/n \times [1+(T+V_0)/n]$$

式中　T——主温表经器差订正后的读数；

t——辅温表经器差订正后的读数；

V_0——主温表自接受泡至刻度 0℃ 处的水银容积，以温度度数表示；

$1/n$——水银与温度表玻璃的相对体膨胀系数。

由主温表的读数加 K 值，即为实际水温。

二、水样浊度的测定

（一）概述

浊度是指水中悬浮物对光线透过时所发生的阻碍程度。水的浊度大小与水中悬浮物质含量及其微粒等性质有关。

常用测定方法有分光光度法、目视比浊法、浊度计法。分光光度法适用于检测饮用水、天然水和高浊度水，最低检测浊度为 3 度；目视比浊法适用于饮用水和水源水等低浊度水，最低检出浊度为 1 度。下面重点介绍分光光度法。

（二）方法原理

将一定量的硫酸肼与六次甲基四胺聚合，生成白色高分子聚合物，以此作为浊度标准溶液，在一定条件下与水样浊度比较。规定 1L 溶液中含 0.1mg 硫酸肼和 1mg 六次甲基四胺为 1 度。

（三）仪器试剂

（1）50mL 比色管。

（2）分光光度计。

（3）无浊度水　将蒸馏水通过 0.2μm 滤膜过滤，收集于用滤过水荡洗两次的烧瓶中。

（4）浊度标准贮备液

① 1g/100mL 硫酸肼溶液：称取 1.000g 硫酸肼溶于水，定容至 100mL。

② 10g/100mL 六次甲基四胺溶液：称取 10.00g 六次甲基四胺溶于水，定容至 100mL。

③ 浊度标准贮备液：吸取 5.00mL 硫酸肼溶液与 5.00mL 六次甲基四胺溶液于 100mL 容量瓶中，混匀。于 (25±3)℃下静置反应 24h。冷却后用水稀释至标线，混匀。此溶液浊度为 400 度。可保存一个月。

（四）分析步骤

步骤 1. 标准曲线的绘制

吸取浊度标准液 0、0.50、1.25、2.50、5.00、10.00 及 12.50mL，置于 50mL 的比色管中，加水至标线。摇匀后，即得浊度为 0、4、10、20、40、80 及 100 度的标准系列。于 680nm 波长，用 30mm 比色皿，测定吸光度，绘制标准曲线。

步骤 2. 水样的测定

吸取 50.0mL 摇匀水样（无气泡，如浊度超过 100 度可酌情少取，用无浊度水稀释至 50.0mL），于 50mL 比色管中，按绘制标准曲线步骤测定吸光度，由标准曲线上查得水样浊度。

（五）注意事项

（1）水样应无碎屑及易沉颗粒。

（2）器皿清洁，水样中无气泡。

（3）在 680nm 下测定天然水中存在的淡黄色、淡绿色无干扰。

（4）硫酸肼毒性较强，属于致癌物质，取用时注意。

（六）数据处理

$$浊度 = \frac{A(B+C)}{C}$$

式中　A——稀释后水样的浊度，度；

　　　B——稀释水体积，mL；

　　　C——原水样体积，mL。

不同浊度范围测试结果的精度要求如下：

浊度范围/度	精度/度	浊度范围/度	精度/度
1～10	1	400～1000	50
10～100	5	大于 1000	100
100～400	10		

第三章

现代空气与废气环境监测

为了尽量消除或减轻空气污染对人的危害，保护我们赖以生存的环境，伴随着空气污染防治技术的开展，对空气与废气的环境监测应运而生。通过测定空气中污染物的种类及其浓度，识别大气中的首要污染物质，掌握其分布与扩散规律，监视大气污染源的排放和控制情况，这个过程就叫空气与废气环境监测。在本章中，将对空气与废气环境监测的相关内容进行详细阐述。

第一节 监测网络布点与采样

一、空气与废气监测网络布点

（一）监测网络的设计

1. 监测网络设计的目的

（1）国家监测网络设计的目的　国家根据环境管理的需要，为开展环境空气质量监测活动，设置国家环境空气质量监测网，其监测目的主要有以下几个。

第一，确定全国城市区域环境空气质量变化趋势，反映城市区域环境空气质量总体水平。

第二，确定全国环境空气质量的背景水平以及区域空气质量状况。

第三,判定全国及各地方的环境空气质量是否满足环境空气质量标准的要求。

第四,为制定全国大气污染防治规划和对策提供依据。

(2) 地方监测网络设计的目的　各地方应根据环境管理的需要,按本规范规定的原则,设置省(自治区、直辖市)级或市(地)级环境空气质量监测网(以下称"地方环境空气质量监测网"),其监测目的有以下几个。

第一,确定监测网覆盖区域内空气污染物可能出现的高浓度值。

第二,确定监测网覆盖区域内各环境质量功能区空气污染物的代表浓度,判定其环境空气质量是否满足环境空气质量标准的要求。

第三,确定监测网覆盖区域内重要污染源对环境空气质量的影响。

第四,确定监测网覆盖区域内环境空气质量的背景水平。

第五,确定监测网覆盖区域内环境空气质量的变化趋势。

第六,为制定地方大气污染防治规划和对策提供依据。

2. 监测网络设计的原则

空气污染物的时空分布特点,决定了空气质量监测时不仅要考虑时间因素,还要考虑污染物的空间分布特征,同时要考虑监测的目的。

环境空气质量监测网的设计,要能客观反映环境空气污染对人类生活环境的影响,并以本地区多年的环境空气质量状况及变化趋势、产业和能源结构特点、人口分布情况、地形和气象条件等因素为依据,充分考虑监测数据的代表性,按照监测目的确定监测网的布点。

3. 监测网络设计的方法

监测网的设计应考虑所设监测点位的代表性,常规环境空气质量监测点可分为污染监控点、空气质量评价点、空气质量对照点和空气质量背景点四类。

(1) 污染监控点　监测管辖地区空气污染物的最高浓度,或主要污染源对当地环境空气质量的影响而设置的监测点,便是污染监控点。为监测固定工业污染源对环境空气质量影响而设置的污染监控点,其代表范围一般为半径 $100\sim500m$ 的区域,当考虑较高的点源对地面污染物浓度的影响时需扩大到半径 $500m\sim4km$ 区域;为监测道路交通污染源对环境空气质量影响而设置的污染监控点,其代表范围为人们日常生活和活动场所中受道路交通污染源排放影响的道路两旁及其附近区域。

(2) 空气质量评价点　以获得监测地区的空气质量变化趋势或各环境质量

功能区的代表性浓度为目的而设置的监测点，便是空气质量评价点。空气质量评价监测点代表范围一般为半径500m～4km的区域，当某一地区空气中污染物的浓度较低或空间变化较小时可扩大到半径4km至几十千米的区域。

（3）空气质量对照点　以监测不受当地污染影响的城市地区空气质量状况为目的而设置的监测点，便是空气质量对照点。其代表范围一般为半径几十千米的区域。

（4）空气质量背景点　以监测国家或大区域范围的空气质量背景值为目的而设置的监测点，便是空气质量背景点。该类监测点的代表范围一般为半径100km以上的区域。

国家环境空气质量监测网应设置环境空气质量评价（监测）点、空气质量背景（监测）点及空气质量对照（监测）点。地方环境空气质量监测网即各省（自治区、直辖市）级或市（地）级环境空气质量监测网，应设置数量不少于国家在相应城市的设置数量的环境空气质量评价点，并根据需要设置污染监控点和空气质量对照点。

（二）监测布点的要求

1. 国家环境空气质量监测布点的基本要求

国家环境空气质量监测网应设置环境空气质量评价点、环境空气质量背景点以及区域环境空气质量对照点。国家环境空气质量评价点可从根据国家环境管理需要确定的地方空气质量评价点中选取。国家环境空气质量评价点的点位设置应符合下列要求。

第一，位于各城市的建成区内，并相对均匀分布，覆盖全部建成区。

第二，用全部空气质量评价点的污染物浓度计算出的算术平均值应代表所在城市建成区污染物浓度的区域总体平均值。区域总体平均值可用该区域加密网格点（单个网格应不大于2km×2km）实测或模拟计算的算术平均值作为其估计值，用全部空气质量评价点在同一时期的污染物浓度计算出的平均值与该估计值相对误差应在10%以内。

第三，用该区域加密网格点（单个网格应不大于2km×2km）实测或模拟计算的算术平均值作为区域总体平均值计算出30、50、80和90百分位数的估计值；用全部空气质量评价点在同一时期的污染物浓度平均值计算出的30、50、80和90百分位数与这些估计值比较时，各百分位数的相对误差在15%以内。

第四，各城市区域内国家环境空气质量评价点的设置数量应符合《环境空气质量监测点位布设技术规范（试行）》（HJ 664—2013）的要求。

第五，根据城市人口和按建成区面积确定的最少点位数不同时，取两者中的较大值。

第六，对于必测项目中存在年平均浓度连续3年超过国家环境空气质量标准二级标准20%以上的城市区域，空气质量评价点的最少数量应为规定数量的1.5倍以上。

国家环境空气质量背景点和区域环境空气质量对照点应根据我国的大气环流特征，在远离污染源，不受局部地区环境影响的地方设置，也可在符合下述要求的地方环境空气质量监测点中选取。空气质量背景点原则上应离开主要污染源及城市建成区50km以上，区域环境空气质量对照点原则上应离开主要污染源及城市建成区20km以上。

2. 地方环境空气质量监测布点的基本要求

地方环境空气质量监测网应设置空气质量评价点，并根据需要设置污染监控点和空气质量对照点。地方环境空气质量评价点的设置数量应不少于国家环境空气质量评价点在相应城市的设置数量，其覆盖范围为城市建成区。在划定环境空气质量功能区的地区，每类功能区至少应有1个监测点。应根据本地区的污染源资料、气象资料和地理条件等因素，确定本地区开展环境空气质量状况调查的方式，并根据调查数据筛选出适合的地方环境空气质量评价点。所筛选出的点位应符合下列要求。

第一，位于各城市建成区内，且相对均匀分布，覆盖全部建成区。

第二，用全部空气质量评价点的污染物浓度计算出的算术平均值应代表所在城市建成区污染物浓度的区域总体平均值。区域总体平均值可用该区域加密网格点（单个网格应不大于2km×2km）实测或模拟计算的算术平均值作为其估计值，用全部空气质量评价点在同一时期测得的污染物浓度计算出的平均值与该估计值相对误差应在10%以内。

第三，用该区域加密网格点（单个网格应不大于2km×2km）实测或模拟计算的算术平均值作为区域总体计算出30、50、80和90百分位数的估计值；用全部空气质量评价点在同一时期的污染物浓度计算出的30、50、80和90百分位数与这些估计值比较时，各百分位数的相对误差在15%以内。

污染监控点和地方环境空气质量对照点的数量由地方环境保护行政主管部门组织各地环境监测机构根据本地区环境管理的需要设置。其数据可用于分析空气污染来源，并作为环境规划依据，但不参加城市环境空气质量平均值计算。另外，地方环境空气质量对照点应离开主要污染源、城市居民密集区20km以上，并设置在城市主导风向的上风向。

3. 环境空气质量监测点的其他要求

环境空气质量监测点的设置除符合上述规定外，还应符合下列要求。

第一，具有较好的代表性，能客观反映一定空间范围内的环境空气污染水平和变化规律。

第二，各监测点之间设置条件尽可能一致，使各个监测点获取的数据具有可比性。

第三，监测点应尽可能均匀分布，同时在布局上应反映城市主要功能区和主要大气污染源的污染现状及变化趋势。

第四，应结合城市规划考虑监测点的布设，使确定的监测点能兼顾未来城市发展的需要。

第五，为监测道路交通污染源或其他重要污染源对环境空气质量影响而设置的污染监控点，应设在可能对人体健康造成影响的污染物高浓度区域。

二、空气样品的采集

（一）空气样品的采集方法

采集空气样品的方法要综合考虑欲测污染物的状态、浓度、物理化学性质及所用分析方法等因素后进行选择。当空气中被测组分浓度较高或测定方法灵敏度较高时，一般采用直接采样法，如注射器采样法、塑料袋采样法、采气管法和真空瓶法等。如果空气中被测组分浓度较低（$10^{-9} \sim 10^{-6}$ 数量级），直接采样不能满足分析方法的测定限要求，应采用富集（浓缩）采样法，如溶液吸收法、填充柱阻留法、滤料阻留法和自然积集法等。

1. 直接采样法

当大气中被测物质含量较大或分析方法的灵敏度较高时，只要采集少量气样进行分析，就能得到需要的结果。在这种情况下，用直接采样法比较方便。例如，在气相色谱分析中，用氢火焰离子化检定器测定空气中的苯时，用注射器采样后，直接向色谱仪中注入1~2mL的气体，就可测出含苯量。该法常用的采样器有塑料袋、注射器、采气管、真空瓶。

(1) 注射器采样　常用 100mL 注射器采集空气的试样。采样时先用现场空气抽洗 2~3 次，然后抽样 100mL，密封进样口，送实验室分析。所采试样应在当天完成分析测试，样品存放时间不宜过长，此法一般多用于有机蒸气的采样。

(2) 塑料袋采样　选择不与被测组分发生反应，发生吸附，也不渗漏的塑料袋。常用聚乙烯袋、聚四氟乙烯袋或聚酯袋。为了防止被测试样的吸附，可在袋内壁衬金属银、铝膜。采样时，先用二联球打入现场被测空气 2~3 次，然后再充满被测样气，夹封进气口，送实验室尽快分析。

(3) 采气管采样　采气管是两端带有活塞的玻璃管，其容积为 100~500mL（图 3-1）。采样时，采气管的一端接抽气泵，打开两端活塞，抽进比采气管容积大 6~10 倍的欲采气体，使采气管中原有的气体完全被置换出，关上两端活塞，带回实验室分析。

图 3-1　采气管

(4) 真空瓶采样　真空瓶是一种用耐压玻璃制成的容器，容积为 500~1000mL（图 3-2）。采样前先用真空泵将瓶内抽成真空（瓶外套有安全保护套），并测出瓶内剩余压力（一般为 1.3kPa 左右）。采样时打开瓶口上的旋塞，被采气样即进入瓶内，关闭旋愈塞，带回实验室分析。

图 3-2　真空瓶

2. 富集（浓缩）采样法

当大气中被测物质浓度很低，或所用分析方法灵敏度不高时，需用富集（浓缩）采样法对大气中的污染物进行浓缩。富集（浓缩）采样的时间一般都比较长，测得结果是在采样时段内的平均浓度。富集（浓缩）采样法有溶液吸收法、低温冷凝法、填充柱阻留法、滤料阻留法、自然积集法等。

（1）溶液吸收法　溶液吸收法是采集大气中气态、蒸气态及某些气溶胶态污染物质的常用方法。采样时，用抽气装置将待测空气以一定流量抽入装有吸收液的吸收管（或吸收瓶）。采样后，测定吸收液中待测物质的量，根据采样体积计算大气中污染物的浓度。

溶液吸收法的吸收效率主要决定于吸收速度，而吸收速度主要取决于吸收液对待测物质的溶解速度、待测物质与吸收液的接触面积和接触时间。因此，要提高吸收效率，必须根据待测物质的性质和在大气中的存在形式正确地选择吸收溶液和吸收管。

常用的吸收液有水、水溶液、有机溶剂等。吸收液吸收污染物的原理分为两种：一种是气体分子溶解于溶液中的物理作用，如用水吸收甲醛；另一种是基于发生化学反应的吸收，如用碱性溶液吸收酸性气体。伴有化学反应的吸收速度显然大于只有溶解作用的吸收速度。因此，除溶解度非常大的气体外，一般都选用伴有化学反应的吸收液。

在选择吸收液时，需要遵守四个原则：一是对气态污染物质溶解度大，与之发生化学反应的速度快；二是污染物质在吸收液中有足够的稳定时间；三是要便于后续分析测定工作；四是吸收液毒性小、成本低且尽可能回收利用。

根据吸收原理不同，常用吸收管可分为气泡式吸收管、冲击式吸收管、多孔筛板吸收管（瓶）等几种类型。

① 气泡式吸收管　管内装有 5~10mL 吸收液，进气管插至吸收管底部（图 3-3），气体在穿过吸收液时，形成气泡，增大了气体与吸收液的界面接触面积，有利于气体中污染物质的吸收。气泡吸收管主要用于吸收气态、蒸气态物质。

② 冲击式吸收管　冲击式吸收管适宜采集气溶胶态物质（图 3-4）。这种吸收管有小型（装 5~10mL 吸收液，采样流量为 3.0L/min）和大型（装 50~100mL 吸收液，采样流量为 30.0L/min）两种。该吸收管的进气管喷嘴孔径小，距瓶底又很近，当被采气样快速从喷嘴喷出冲向管底时，气溶胶颗粒因惯性作用冲击到管底被分散，从而易被吸收液吸收。但不适合采集气态和蒸

气态物质,因为气体分子的惯性小,在快速抽气的情况下,容易随空气一起逃逸。冲击式吸收管的吸收效率是由喷嘴口径的大小和喷嘴距瓶底的距离决定的。

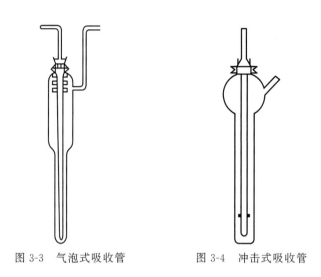

图 3-3　气泡式吸收管　　图 3-4　冲击式吸收管

③ 多孔筛板吸收管(瓶)　可用于采集气态、蒸气态及雾态气溶胶物质。多孔筛板吸收管可装 5~10mL 吸收液,采样流量为 0.1~1.0L/min(图 3-5)。吸收瓶有小型(装 10~30mL,吸收液,采样流量为 0.5~2.0L/min)和大型(装 50~100mL 吸收液,采样流量为 30.0L/min)两种。管(瓶)出气口处熔接一块多孔型的砂芯玻璃板,当气体通过时,被分散成很小的气泡,且阻留时间长,大大增加了气液接触面积,提高了吸收效率。

(2) 低温冷凝法　低温冷凝法可提高低沸点气态污染物的采集效率。此法是将 U 形或蛇形采样管插入冷阱中,分别连接采样入口和泵,当大气流经采样管时,被测组分因冷凝而凝结在采样管底部,达到分离和富集的目的(图 3-6)。收集后,可送实验室移去冷阱进行分析测试,如测定烯烃类、醛类等。

制冷方法有制冷剂法和半导体制冷器法。常用的制冷剂有冰-食盐(-4℃)、干冰-乙醇(-72℃)、液态空气(-190℃)、液氮(-196℃)等。

采样过程中,为了防止气样中的微量水、二氧化碳在冷凝时同时被冷下来,产生分析误差,可在采样管的进气端装过滤器(内装石棉、氯化钙、碱石

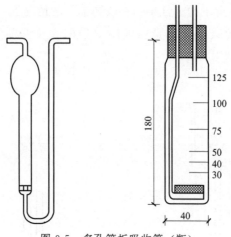

图 3-5　多孔筛板吸收管（瓶）

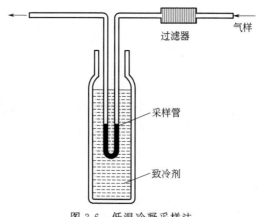

图 3-6　低温冷凝采样法

灰、高氯酸镁等）除去水分和二氧化碳。但所用干燥剂和净化剂不能与被测组分发生作用，以免引起被测组分损失。

（3）填充柱阻留法　用一根内径 3～5mm、长 6～10cm 的玻璃管或塑料管，内装颗粒状填充剂。采样时，气体以一定流速通过填充柱，被测组分因吸附、溶解或化学反应等作用而被阻留在填充剂上，达到浓缩采集的目的。采样后，通过解吸或溶剂洗脱使被测物从填充剂上分离释放出来，然后进行分析测试。根据填充剂阻留作用原理的不同，可将填充柱分为吸附型、分配型、反应型三种。

① 吸附型填充柱　吸附型填充柱中的填充剂是固体颗粒状吸附剂，如硅胶、活性炭、分子筛、高分子多孔微球等。一般吸附能力越强，采样效率就越高，但解吸就越困难，所以在选择吸附剂时要同时考虑吸附效率和解吸能力。

② 分配型填充柱　分配型填充柱内的填充剂是表面涂有高沸点的有机溶剂（如异十三烷）的惰性多孔颗粒物（如硅藻土），采样时，气样通过填充柱，在有机溶剂（固定相）中分配系数大的组分保留在填充剂上而被富集。

③ 反应型填充柱　反应型的填充剂是在一些惰性担体（如石英砂、滤纸、玻璃棉等）表面涂一层能与被测物质起反应的试剂制成，也可用能与被测组分发生化学反应的纯金属微粒或丝毛做填充剂。

(4) 滤料阻留法　将滤料（滤纸或滤膜）夹在采样夹上（图 3-7）。采样时用抽气泵抽气，则空气中颗粒物被阻留在滤料上，称量滤料上富集的颗粒物质量，根据采样体积，即可计算出空气颗粒物浓度。这种方法主要用于大气中的气溶胶、降尘、可吸入颗粒物、烟尘等的测定。

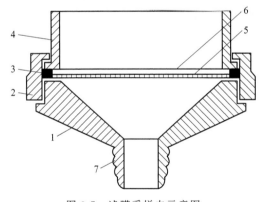

图 3-7　滤膜采样夹示意图

1—底座；2—紧固圈；3—密封圈；4—接座圈；5—支撑网；6—滤膜；7—抽气接口

运用滤料直接阻留、惯性碰撞、扩散沉降、静电引力和重力沉降等作用原理，可以采集空气中的气溶胶颗粒物。滤料有单一作用滤料如静电引力滤纸，也有综合作用滤料。滤料的采集效率除与本身性质有关外，还与采集速度、颗粒物大小有关。就速度而论，低速采样，以扩散沉降为主，采集细颗粒效率高；高速采样，以惯性碰撞作用为主，对大颗粒采样效率高。

(5) 自然积集法 利用物质的自然重力、空气动力和浓差扩散作用采集大气中的被测物质,如大气中氟化物、自然降尘量、硫酸盐化速率等样品的采集,便是自然积集法。此方法不需动力设备,采样时间长,测定结果能较真实地反映空气污染情况。

① 降尘样品的采集 采集大气中降尘的方法有湿法和干法两种,其中湿法应用较广泛。

湿法采样时,一般使用集尘缸,集尘缸为圆筒形玻璃(或塑料、瓷、不锈钢)缸。采样时在缸中加一定量的水,放置在距地面5~15m处,附近无高大建筑物及局部污染源,采样口距基础面1.5m以上,以避免扬尘的影响。集尘缸内加水1500~3000mL,夏季需要加入少量硫酸铜溶液,抑制微生物及藻类的生长,冰冻季节需加入适量的乙醇或乙二醇作为防冻剂。采样时间为(30 ± 2)d,多雨季节注意及时更换集尘缸,防止水满溢出。

干法采样时,一般使用标准集尘器(图3-8)。我国的干法采样是将集尘缸洗干净,在缸底放入塑料圆环,塑料筛板放在圆环上以防止已沉降的尘粒被风吹出(图3-9)。采样前缸口用塑料袋罩好,携至采样点后,再取下塑料袋进行采样。在夏季可加入0.05mol/L。硫酸铜溶液2~8mL,以抑制微生物及藻类的生长。

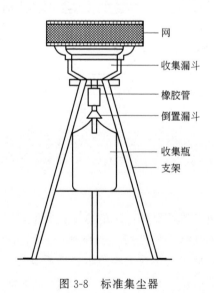

图3-8 标准集尘器

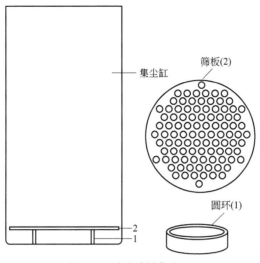

图 3-9 干法采样集尘缸

按月定期取换集尘缸一次,取缸时间规定为月初的 5 日前进行完毕。取缸时要校对地点、缸号、记录取样时间,然后罩好塑料袋,带回实验室。

② 硫酸盐化速率样品的采集 排放到大气中的二氧化硫、硫化氢等含硫化合物,经过一系列氧化反应,最终形成硫酸雾和硫酸盐雾的过程称为硫酸盐化速率。常用的采样方法有二氧化铅法和碱片法。

二氧化铅采样法是先将二氧化铅糊状物涂在纱布上,然后将纱布绕贴在素瓷管上,制成二氧化铅采样管。将其放置在采样点上,则大气中的二氧化硫、硫酸雾等与二氧化铅反应生成硫酸铅。

碱片法是将用碳酸钾溶液浸渍过的玻璃纤维滤膜置于采样点上,则大气中的二氧化硫、硫酸雾等与碳酸盐反应生成硫酸盐。

(二)空气样品的采集仪器

直接采样法采样时用采气管、塑料袋、真空瓶即可。但是富集采样法需使用采样仪器才能够收集到所需的气体样品。采样仪器主要由收集器、流量计和采样动力三部分组成(图 3-10)。如果增加流量调节、自动定时控制等部件就可以组成不同型号的采样器。

收集器如大气吸收管(瓶)、填充柱、滤料采样夹、低温冷凝采样管等。流量计是测量气体流量的仪器,流量是计算采集气样体积必知的参数。当用抽气泵作抽气动力时,通过流量计的读数和采样时间可以计算所采空气的体积。常

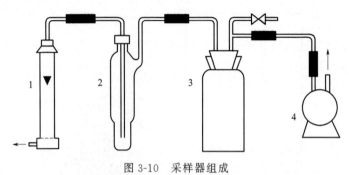

图 3-10　采样器组成
1—流量计；2—收集器；3—缓冲瓶；4—抽气泵

用的流量计有孔口流量计、转子流量计和限流孔，均需定期校正。采样动力应根据所需采样流量、采样体积、所用收集器及采样点的条件进行选择。一般要求抽气动力的流量范围较大，抽气稳定，造价低，噪声小，便于携带和维修。

大气采样仪器的型号很多，按其用途可分为气态污染物采样器和颗粒物采样器。

(1) 气态污染物采样器　环境空气监测的气态污染物采样器，主要基于采用溶液吸收法，采样流量一般为 0.5～2.0L/min。分为便携式和固定式（恒温恒流）两种类型，常用的便携式大气采样器有 KB-6A 型、KB-B 型、KB-6C 型、DC-2 型、CH-4 型、TH-110B 型等，常用的固定式恒温恒流采样器有 HZL 型、H2-2 型、TH-3000 型（恒温、限流孔温度范围 37～43℃，流量误差±5%）等，还有废气采样器，如 YQ-2 型、YQC-Ⅱ型（防湿、全加热采样管、温度控制在±5%）等。

(2) 总悬浮颗粒物采样器　总悬浮颗粒物采样器按其采气流量大小分为大流量采样器和中流量采样器。

① 大流量采样器　大流量采样器的滤料夹可安装 20cm×25cm 的玻璃纤维滤膜，以 1.1～1.7m³/min 流量采样 8～24h（图 3-11）。当采气量达 1500～2000m³ 时，样品滤膜可用于测定颗粒物中的金属、无机盐及有机污染物等组分。

② 中流量采样器　中流量采样器的采样夹面积和采样流量比大流量采样器小（图 3-12）。我国规定采样夹的有效直径为 80mm 或 100mm。当用有效直径 80mm 滤膜采样时，采气流量控制在 7.2～9.6m³/h；用 100mm 滤膜采样时，流量控制在 11.3～15m³/h。

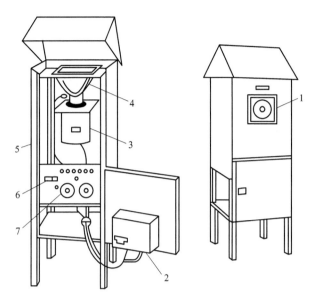

图 3-11 大流量采样器

1—流量记录器；2—流量控制器；3—抽气风机；4—滤膜夹；
5—铝壳；6—工作计时器；7—计时器的程序控制器

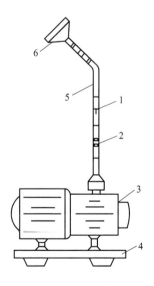

图 3-12 中流量采样器

1—流量计；2—调节阀；3—采样泵；4—消声器；5—采样管；6—采样头

(3) 可吸入颗粒物采样器　采集可吸入颗粒物广泛使用大流量采样器。在连续自动监测仪器中，可采用静电捕集法、β射线法或光散射法直接测定可吸入颗粒物的浓度，但不论哪种采样器都装有分尘器。分尘器有旋风式、向心式、多层薄板式、撞击式等多种。它们又分为二级式和多级式。二级式用于采集 10μm 以下的颗粒物，多级式可分级采集不同粒径的颗粒物，用于测定颗粒物的粒度分布。所有的分尘器在使用前，必须用标准粒子发生器制备的标准粒子进行校准。

（三）空气样品的采集记录

采样是分析监测的第一步，采样时测定的许多参数，是分析结果的计算必须使用的重要参数。采样过程获取的第一手资料，对于监测结果分析、环境质量评价、事故原因分析具有重要的参考价值。因此，监测过程中必须规范采样记录管理，认真填写采样记录。

（四）空气样品的采集效率与评价

采样方法或采样仪器的采样效率是指在规定的采样条件下（如流量、污染物浓度、采样时间等），所采集到的污染物量占实际总量的百分数。对于空气中不同存在状态的污染物，其采样效率的评价方法是不相同的。

1. 气态和蒸气态污染物采样效率的评价方法

采集气态和蒸气态污染物常用溶液吸收和填充柱吸附法。评价这些采样方法的效率有绝对比较法和相对比较法。

用绝对比较法评价采样效率是比较理想的，但由于配制已知浓度的标准气有困难，实际应用时受到限制。相对比较法评价是配制一个恒定浓度的气体样品，其浓度不一定要求已知，然后用 2~3 个采样管串联起来采集所配样品，分别测定各采样管中的污染物的含量，计算第一个采样管含量占总量百分数。通常而言，第一采样管浓度所占比例越高，采样效率越高。一般要求 K 值为 90% 以上。如果第二、第三采样管的浓度比第一采样管的浓度小得多，可以将三个管的浓度相加近似等于所配气体浓度。当采样效率过低时，应采取更换采样管、吸收剂或降低抽气速度等措施提高采样效率。

2. 采集颗粒物效率（气溶胶颗粒）的评价方法

采集颗粒物效率有两种表示方法。一种是颗粒采样效率，即所采集到的气溶胶颗粒数目占总颗粒数目的百分数；另一种是质量采样效率，即所采集到的气溶胶（颗粒）的质量占总质量的百分数。由于衡量尺度不同，用上述两种方法计算出的采样效率值是不相同的。

评价采集颗粒物（气溶胶）效率的方法与评价气态和蒸气态的采样效率有很大的不同，主要表现在两个方面。

第一，由于配制已知浓度标准气溶胶颗粒在技术上比配制气态和蒸气态标准气体要复杂得多，而且气溶胶粒度范围很大，所以很难在实验室模拟现场存在的气溶胶各种状态。

第二，用滤料采样就像一个滤筛一样，能滑过第一张滤纸或滤膜的细小颗粒，也可能滑过第二、第三张滤纸或滤膜，因此用相对比较法评价颗粒物（气溶胶）采样效率很困难。评价颗粒物的采样效率需采用另一个更高效率的采样方法进行判定。例如，颗粒采样效率常用一个灵敏度很高的颗粒计数器测量进入滤料前后的空气中的颗粒数来计算。

实际大气监测中，评价采集颗粒物（气溶胶）的采样效率，一般用质量采样效率表示，只有在特殊情况下，才用颗粒采样效率表示。

（五）空气样品的预处理

对于富集（浓缩）采样法采集的样品一般不能直接利用仪器进行测定，如滤料阻留法采集的样品在测定前，必须将滤料上的待测污染物转入溶液中后才能进行测定。

1. 吸收液样品的预处理

用溶液吸收法采集的吸收液样品通常可以直接用于测定，不必作预处理。但是，在某些情况下，如吸收液样品中待测污染物浓度太低或太高，样品中含有干扰的污染物时，需要进行预处理。常用的预处理方法有稀释、浓缩和溶剂萃取法等。

（1）稀释或浓缩　吸收液样品中待测污染物浓度高于测定方法的测定范围时，可用吸收液稀释后测定。如果吸收液样品中待测污染物浓度高是由采样过程中吸收液的溶剂挥发损失而造成的，则应先补充溶剂，恢复吸收液原本组成后，再用吸收液进行适当稀释。吸收液样品中待测污染物的浓度低于测定方法的测定范围时，可将吸收液样品通过挥发或蒸馏等方法浓缩后测定。在进行稀释或浓缩时，要注意稀释或浓缩后样品基体的变化对测定结果的影响。

（2）溶剂萃取法　吸收液样品中待测污染物的浓度低于测定方法的测定范围时，或样品中含有干扰的污染物时，为了达到分离干扰物和浓缩待测污染物的目的，可以采用溶剂萃取法。

2. 滤料样品的预处理

固体阻留法采集空气样品时，待测污染物首先被采集到相应滤料上，需将滤料上的待测污染物转移到溶液中，然后再利用原子吸收分光光度计、原子荧光分光光度计、气相色谱仪等仪器进行分析测定。滤料样品中待测污染物不同，采取的处理方法不同，常用的处理方法有洗脱法、消解法、溶剂解吸法和热解吸法。

（1）洗脱法　洗脱法是用溶剂或溶液（称为洗脱液）将滤料上的待测污染物溶液洗下来的方法。例如，滤膜采集空气中的金属及其化合物后，用硝酸溶液浸泡滤膜，将金属污染物溶液洗入硝酸溶液中，然后利用原子吸收分光光度计或原子荧光分光光度计进行测定。洗脱过程可以是简单的溶解过程，也可以是经过化学反应生成可溶性化合物的过程，或者是两者兼有。浸渍滤料采集某些气态或蒸气态化合物后也常用洗脱法处理。

洗脱法不使用浓酸，操作简单、省时、安全、经济。在洗脱操作中，滤料基本上不发生变化，滤膜在洗脱液中不会发生纤维脱落，因此，洗脱液一般不必进行过滤或离心等操作，可以直接进行测定，或浓缩后进行测定。滤纸在洗脱液中较易发生纤维脱落，若影响测定时，必须进行过滤或离心。洗脱法的使用有一定的局限性，因有些金属及其化合物难溶于水或稀酸溶液，没有合适的洗脱液，难以得到满意的洗脱效率。

（2）消解法　消解法是利用高温和（或）氧化作用将滤料及样品基质破坏，制成便于测定的样品溶液。常用的消解液（氧化剂）有氧化性酸，如硝酸、高氯酸及过氧化氢等。为了提高消解效率和加快消解速率，经常使用混合消解液，如1∶9的高氯酸和硝酸的混合消解液常用于微孔滤膜样品的消解。加热是提高消解效率和加快消解的方法，加热温度一般在300℃以下，通常在200℃左右，特别是对于易挥发的待测污染物样品处理，加热温度一般不超过200℃。将样品在消解液中浸泡过夜，可以缩短加热消解的时间。在消解结束时，不要将消解液蒸发干。保留少量消解液，有利于样品的溶解和测定。若将消解液蒸干，再在较高温度下加热，有可能生成难溶的金属氧化物，影响测定。

与洗脱法相比，消解法应用范围广，适用于各种待测污染物样品的处理。但需要使用浓酸并加热，操作时注意安全，防止烫伤、腐蚀皮肤和衣服，特别在使用高氯酸时，要防止爆炸。

（3）溶剂解吸法　溶剂解吸法是将采样后的固体颗粒状吸附剂放入溶剂解吸瓶内，加入一定量的解吸液，密封溶剂解吸瓶，解吸一定的时间，大量的解吸液分子将吸附在固体颗粒状吸附剂上的待测污染物置换出来，并进入解吸液中，解吸液供测定。为了加快解吸速率和提高解吸效率，可以振摇解吸瓶，或用超声波帮助解吸。

解吸液应根据待测污染物及其所使用的固体颗粒状吸附剂的性质来选择。通常非极性固体吸附剂，对于非极性化合物的吸附能力强，解吸时用非极性解吸液。如用非极性固体吸附剂活性炭管吸附的有机物质，大多数用二硫化碳作为解吸液，而用极性固体吸附剂硅胶采集的醛醇等极性化合物通常用水或醇类化合物解吸。

（4）热解吸法　热解吸法是将热解吸固体颗粒状吸附剂管放在专用的热解吸器中，在一定温度下进行解吸，然后通入氮气等化学惰性气体作为载气，将解吸出来的待测污染物直接通入分析仪器（如气相色谱仪）进行测定，或先收集在容器（如100mL注射器）中，然后取出一定体积样品气进行测定。如果将解吸出来的样品气全部充入分析仪器测定，具有较高的测定灵敏度，但只能测定一次，不能重复测定；使用注射器收集后进行测定，则可根据解吸样品气中待测污染物浓度大小，取不同体积进行测定，以得到满意的结果，但灵敏度相对较低。

热解吸法不使用解吸溶剂，但需要专用的热解吸器，热解吸器的性能优劣对解吸效率的稳定性和测定结果的准确度、精密度影响很大。

第二节　气态无机污染物与有机污染物测定

一、气态无机污染物的测定

（一）二氧化硫（SO_2）的测定

二氧化硫是主要空气污染物之一，为大气环境污染例行监测的必测项目。它来源于煤和石油等燃料的燃烧、含硫矿石的冶炼、硫酸等化工产品生产排放的废气。二氧化硫是一种无色、易溶于水、有刺激性气味的气体，能通过呼吸进入气管，对局部组织产生刺激和腐蚀作用，是诱发支气管炎等疾病的原因之一，特别是当它与烟尘等气溶胶共存时，可加重对呼吸道黏膜的损伤。

测定二氧化硫的方法有四氯汞盐吸收-副玫瑰苯胺分光光度法、甲醛吸收-副玫瑰苯胺分光光度法、紫外荧光法、电导法、库仑滴定法、火焰原子吸收分光光度法等。

1. 四氯汞盐吸收-副玫瑰苯胺分光光度法

该法是被国内外广泛用于测定二氧化硫的方法，具有灵敏度高、选择性好等优点，但吸收液毒性较大。

(1) 方法原理　气样中的二氧化硫被由氯化钾和氯化汞配制成的四氯汞钾吸收后，生成稳定的二氯亚硫酸盐络合物，后与甲醛生成羟基甲基磺酸，羟基甲基磺酸再和盐酸副玫瑰苯胺反应生成紫色络合物，其颜色深浅与二氧化硫含量成正比，用分光光度法测定。

(2) 测定方法　实际测定时，有两种操作方法。所用盐酸副玫瑰苯胺显色溶液含磷酸量较少。

① 最终显色溶液 pH 值为 1.6 ± 0.1，呈红紫色，最大吸收波长 548nm，试剂空白值较高，检出限为 $0.75\mu g/25mL$；当采样体积为 30L 时，最低检出浓度为 $0.025mg/m^3$。

② 最终显色溶液 pH 值为 1.2 ± 0.1，呈蓝紫色，最大吸收波长 575nm，试剂空白值较低，检出限为 $0.40\mu g/7.5mL$；当采样体积为 10L 时，最低检出浓度为 $0.04mg/m^3$，灵敏度较方法①略低。

(3) 注意事项

① 温度、酸度、显色时间等因素影响显色反应；标准溶液和试样溶液操作条件应保持一致。

② 氮氧化物、臭氧及锰、铁、铬等离子对测定有干扰。采样后放置片刻，臭氧可自行分解；加入磷酸和乙二胺四乙酸二钠盐可消除或减小某些金属离子的干扰。

2. 甲醛吸收-副玫瑰苯胺分光光度法

该法避免了使用毒性大的四氯汞钾吸收液，灵敏度、准确度与四氯汞钾溶液吸收法相当，且样品采集后相当稳定，但对于操作条件要求较严格。

(1) 方法原理　二氧化硫被甲醛缓冲溶液吸收后，生成稳定的羟基甲磺酸加成化合物。在样品溶液中加入氢氧化钠使加成化合物分解，释放出的二氧化硫与副玫瑰苯胺、甲醛作用，生成紫红色化合物，根据颜色深浅，用分光光度计在577nm处进行测定。当用10mL吸收液采气10L时,最低检出浓度0.020mg/m³。

(2) 干扰及去除　本方法的主要干扰物为氮氧化物、臭氧及某些重金属元素。加入氨磺酸钠可消除氮氧化物的干扰;采样后放置一段时间可使臭氧自行分解;加入磷酸及环己二胺四乙酸二钠盐可以消除或减少某些金属离子的干扰。在10mL样品中存在50μg钙、镁、铁、镍、锰、铜等离子及5μg二价锰离子时不干扰测定。

(3) 方法的适用范围　本方法适宜测定浓度范围为0.003~1.07mg/m³。当用10mL吸收液采气样10L时,最低检出浓度为0.02mg/m³;当用50mL吸收液,24h采气样300L取出10mL样品测定时,最低检出浓度为0.003mg/m³。

(4) 仪器

① 分光光度计。

② 多孔玻板吸收管:10mL多孔玻板吸收管,用于短时间采样;50mL多孔玻板吸收管,用于24h连续采样。

③ 恒温水浴:0~40℃,控制精度为±1℃。

④ 具塞比色管:10mL用过的比色管和比色皿应及时用盐酸-乙醇清洗液浸洗,否则红色难于洗净。

⑤ 空气采样器:用于短时间采样的普通空气采样器,流量范围0.1~1L/min,应具有保温装置。用于24h连续采样的采样器应具备有恒温、恒流、计时、自动控制开关的功能,流量范围(0.1~0.5L)/min。

(5) 试剂

① 碘酸钾(KIO_3),优级纯,经110℃干燥2h。

② 氢氧化钠溶液,$c(NaOH)=1.5mol/L$:称取6.0g NaOH,溶于100mL水中。

③ 环己二胺四乙酸二钠溶液,$c(CDTA-2Na)=0.05mol/L$:称取1.82g反式1,2-环己二胺四乙酸,加入上述配制氢氧化钠溶液6.5mL,用水稀释至100mL。

④ 甲醛缓冲吸收贮备液:吸取36%~38%的甲醛溶液5.5mL,CDTA-2Na溶液20.00mL;称取2.04g邻苯二甲酸氢钾,溶于少量水中;将三种溶液合并,再用水稀释至100mL。

⑤ 甲醛缓冲吸收液:用水将甲醛缓冲吸收贮备液稀释100倍。临用时

现配。

⑥ 氨磺酸钠溶液，$\rho(NaH_2NSO_3)=6.0g/L$：称取 0.60g 氨磺酸置于 100mL 烧杯中，加入 4.0mL 上述配制氢氧化钠，用水搅拌至完全溶解后稀释至 100mL，摇匀。

⑦ 碘贮备液，$c(1/2I_2)=0.10mol/L$：称取 12.7g 碘（I_2）于烧杯中，加入 40g 碘化钾和 25mL 水，搅拌至完全溶解，用水稀释至 1000mL，贮存于棕色细口瓶中。

⑧ 碘溶液，$c(1/2I_2)=0.010mol/L$：量取碘贮备液 50mL，用水稀释至 500mL，贮于棕色细口瓶中。

⑨ 淀粉溶液，$\rho=5.0g/L$：称取 0.5g 可溶性淀粉于 150mL 烧杯中，用少量水调成糊状，慢慢倒入 100mL 沸水，继续煮沸至溶液澄清，冷却后贮于试剂瓶中。

⑩ 碘酸钾基准溶液，$c(1/6KIO_3)=0.1000mol/L$：准确称取 3.5667g 碘酸钾溶于水，移入 1000mL 容量瓶中，用水稀释至标线，摇匀。

⑪ 盐酸溶液，$c(HCl)=1.2mol/L$：量取 100mL 浓盐酸，用水稀释至 1000mL。

⑫ 硫代硫酸钠标准贮备液，$c(Na_2S_2O_3)=0.10mol/L$：称取 25.0g 硫代硫酸钠（$Na_2S_2O_3 \cdot 5H_2O$），溶于 1000mL 新煮沸但已冷却的水中，加入 0.2g 无水碳酸钠，贮于棕色细口瓶中，放置一周后备用。如溶液呈现混浊，必须过滤。

标定方法：吸取三份 20.00mL 碘酸钾基准溶液分别置于 250mL 碘量瓶中，加 70mL 新煮沸但已冷却的水，加 1g 碘化钾，振摇至完全溶解后，加 10mL 盐酸溶液，立即盖好瓶塞，摇匀。于暗处放置 5min 后，用硫代硫酸钠标准溶液滴定溶液至浅黄色，加 2mL 淀粉溶液，继续滴定至蓝色刚好褪去为终点。硫代硫酸钠标准溶液的摩尔浓度按下式计算：

$$c_1 = \frac{0.1000 \times 20.00}{V}$$

式中 c_1——硫代硫酸钠标准溶液的浓度，mol/L；
V——滴定所耗硫代硫酸钠标准溶液的体积，mL。

⑬ 硫代硫酸钠标准溶液，$c(Na_2S_2O_3)=0.01mol/L \pm 0.00001mol/L$：取 50.0mL 硫代硫酸钠贮备液置于 500mL 容量瓶中，用新煮沸但已冷却的水稀释至标线，摇匀。

⑭ 乙二胺四乙酸二钠盐（EDTA-2Na）溶液，$\rho=0.50g/L$：称取 0.25g 乙二胺四乙酸二钠盐溶于 500mL 新煮沸但已冷却的水中。临用时现配。

⑮ 亚硫酸钠溶液，$\rho(Na_2SO_3)=1g/L$：称取 0.2g 亚硫酸钠（Na_2SO_3），溶于 200mL EDTA-2Na 溶液中，缓缓摇匀以防充氧，使其溶解。放置 2～3h 后标定。此溶液每毫升相当于 320～400μg 二氧化硫。

标定方法：

a. 取6个250mL碘量瓶（A_1、A_2、A_3、B_1、B_2、B_3）。在 A_1、A_2、A_3 内各加入 25mL 乙二胺四乙酸二钠盐溶液，在 B_1、B_2、B_3 内加入 25.00mL 亚硫酸钠溶液分别加入 50.0mL 碘溶液和 1.00mL 冰乙酸，盖好瓶盖，摇匀。

b. 立即吸取 2.00mL 亚硫酸钠溶液加到一个已装有 40～50mL 甲醛吸收液的 100mL 容量瓶中，并用甲醛吸收液稀释至标线，摇匀。此溶液即为二氧化硫标准贮备溶液，在 4～5℃下冷藏，可稳定 6 个月。

c. A_1、A_2、A_3、B_1、B_2、B_3 六个瓶子于暗处放置 5min 后，用硫代硫酸钠溶液滴定至浅黄色，加 5mL 淀粉指示剂，继续滴定至蓝色刚刚消失。平行滴定所用硫代硫酸钠溶液的体积之差应不大于 0.05mL。

二氧化硫标准贮备溶液的质量浓度由下式计算：

$$\rho=\frac{(\overline{V_0}-\overline{V})\times c_2\times 32.02\times 10^3}{25.00}\times\frac{2.00}{100}$$

式中 ρ——二氧化硫标准贮备溶液的质量浓度，μg/mL；

$\overline{V_0}$——空白滴定所用硫代硫酸钠溶液的体积，mL；

$\overline{V}$——样品滴定所用硫代硫酸钠溶液的体积，mL；

c_2——硫代硫酸钠溶液的浓度，mol/L。

⑯ 二氧化硫标准溶液，$\rho=1.00μg/mL$：用甲醛吸收液将二氧化硫标准贮备溶液稀释成每毫升含 1.0μg 二氧化硫的标准溶液。此溶液用于绘制标准曲线，在 4～5℃下冷藏，可稳定 1 个月。

⑰ 盐酸副玫瑰苯胺（简称 PRA，即副品红或对品红）贮备液：$\rho=0.2g/100mL$。称取 0.20g 经提纯的盐酸副玫瑰苯胺溶于 100mL 1.0mol/L 盐酸溶液中。

⑱ 盐酸副玫瑰苯胺溶液，$\rho=0.050g/100mL$：吸取 25.00mL 盐酸副玫瑰苯胺贮备液于 100mL 容量瓶中，加 30mL 85% 的浓磷酸，12mL 浓盐酸，用水稀释至标线，摇匀，放置过夜后使用。避光密封保存。

⑲ 盐酸-乙醇清洗液：由三份（1+4）盐酸和一份 95% 乙醇混合配制而

成，用于清洗比色管和比色皿。

(6) 校准曲线绘制　取16支10mL具塞比色管，分A、B两组，每组7支，分别对应编号。A组每管分别加入二氧化硫标准溶液0、0.50、1.00、2.00、5.00、8.00、10.00mL和甲醛缓冲吸收液10.00、9.50、9.00、8.00、5.00、2.00、0mL。在A组各管中分别加入0.5mL氨磺酸钠溶液和0.5mL氢氧化钠溶液，混匀。在B组各管中分别加入1.00mL PRA溶液。

将A组各管溶液迅速地全部倒入对应编号的且盛有PRA溶液的B管中，立即加塞混匀后放入恒温水浴装置中显色。在波长577nm处，用10mm比色皿，以水为参比测量吸光度。以空白校正后各管的吸光度为纵坐标，以二氧化硫含量为横坐标，用最小二乘法建立校准曲线的回归方程。

(7) 样品测定　样品溶液中若有混浊物，应离心分离除去。样品静置20min，以使臭氧分解。

① 短时间采集的样品　将吸收管中的样品溶液移入10mL比色管中，用少量甲醛吸收液洗涤吸收管，洗液并入比色管中并稀释至标线。加入0.5mL氨磺酸钠溶液，混匀，放置10min以除去氮氧化物的干扰。以下步骤同校准曲线的绘制。

② 连续24h采集的样品　将吸收瓶中样品移入50mL容量瓶（或比色管）中，用少量甲醛吸收液洗涤吸收瓶后再倒入容量瓶（或比色管）中，并用甲醛吸收液稀释至标线。吸取适当体积的试样（视浓度高低而决定取2～10mL）于10mL比色管中，再用甲醛吸收液稀释至标线，加入0.5mL氨磺酸钠溶液，混匀，放置10min以除去氮氧化物的干扰。以下步骤同校准曲线的绘制。

(8) 结果表示　空气中二氧化硫的质量浓度，按下式计算：

$$\rho(SO_2) = \frac{(A - A_0 - a)}{b \times V_r} \times \frac{V_t}{V_a}$$

式中　$\rho(SO_2)$——空气中二氧化硫的质量浓度，mg/m^3；
　　　A——样品溶液的吸光度；
　　　A_0——试剂空白溶液的吸光度；
　　　b——校准曲线的斜率，吸光度/μg；
　　　a——校准曲线的截距（一般要求小于0.005）；
　　　V_r——样品溶液的总体积，mL；
　　　V_a——测定时所取试样的体积，mL；
　　　V_t——换算成参比状态下（298.15K，1013.25hPa）的采样体积，L。

3. 钍试剂分光光度法

该方法也是国际标准化组织推荐的测定二氧化硫标准方法。它所用吸收液无毒，采集样品后稳定，但灵敏度较低，所需气样体积大，适合于测定二氧化硫日平均浓度。

方法测定原理：空气中二氧化硫用过氧化氢溶液吸收并氧化成硫酸。硫酸根离子与定量加入的过量高氯酸钡反应，生成硫酸钡沉淀，剩余钡离子与钍试剂作用生成紫红色的钍试剂钡络合物，据其颜色深浅，间接进行定量测定。有色络合物最大吸收波长为520nm。当用50mL吸收液采气$2m^3$时，最低检出浓度为$0.01mg/m^3$。

4. 紫外荧光法

紫外荧光通常是指某些物质受到紫外光照射时，各自吸收了一定波长的光之后，发射出比照射光波长长的光，而当紫外光停止照射后，这种光也随之很快消失。当然，荧光现象不限于紫外光区，还有X荧光、红外荧光等。利用测荧光波长和荧光强度建立起来的定性、定量方法称为荧光分析法。

（1）方法原理 二氧化硫分子受波长200～220nm的紫外光照射后产生激发态二氧化硫分子，返回基态过程中发出波长240～420的荧光，在一定浓度范围内样品空气中二氧化硫浓度与荧光强度成正比。

（2）测定步骤 紫外荧光法测定大气中的二氧化硫，具有选择性好、不消耗化学试剂、适用于连续自动监测等特点，已被世界卫生组织在全球监测系统中采用。目前广泛用于大气环境地面自动监测系统中。

用波长190～230nm紫外光照射大气样品，则SO_2吸收紫外光被激发至激发态，即

$$SO_2 + h\nu_1 \longrightarrow SO_2^*$$

激发态SO_2^*不稳定，瞬间返回基态，发射出波长为330nm的荧光，即

$$SO_2^* \longrightarrow SO_2 + h\nu_2$$

发射荧光强度和SO_2浓度成正比，用光电倍增管及电子测量系统测量荧光强度，即可得知大气中SO_2的浓度。荧光法测定SO_2的主要干扰物质是水分和芳香烃化合物。水的影响一方面是由于SO_2可溶于水造成损失，另一方面由于SO_2遇水产生荧光猝灭而造成负误差，可用半透膜渗透法或反应室加热法除去水的干扰。芳香烃化合物在190～230nm紫外光激发下也能发射荧光造成正误差，可用装有特殊吸附剂的过滤器预先除去。

紫外荧光 SO_2 监测仪由气路系统及荧光计两部分组成。该仪器操作简便。开启电源预热 30min，待稳定后通入零气，调节零点，然后通入 SO_2 标准气，调节指示标准气浓度值，继之通入零气清洗气路，待仪器指零后即可采样测定。如果采微机控制，可进行连续自动监测。

（二）氟化物的测定

大气中的气态氟化物主要是氟化氢及少量的氟化硅和氟化碳，颗粒态氟化物主要是冰晶石、氟化钠、氟化铝、氟化钙（萤石）等。氟化物污染主要来源于含氟矿石及其以燃煤为能源的工业过程。在测定大气中的氟化物，主要的方法有以下几种。

1. 滤膜采样氟离子选择电极法

用磷酸氢二钾溶液浸渍的玻璃纤维滤膜或碳酸氢钠-甘油溶液浸渍的玻璃纤维滤膜采样，则大气中的气态氟化物被吸收固定，颗粒态氟化物同时被阻留在滤膜上。采样后的滤膜用水或酸浸取后，用氟离子选择电极法测定。

分别测定气态、颗粒态氟化物时，采样时需用三层膜，第一层采样膜用孔径 $0.8\mu m$ 经柠檬酸溶液浸渍的纤维素酯微孔滤膜先阻留颗粒态氟化物，第二、三层用磷酸氢二钾浸渍过的玻璃纤维滤膜采集气态氟化物。用水浸取滤膜，可测定水溶性氟化物；用盐酸溶液浸取，可测定酸溶性氟化物；用水蒸气热解法处理滤膜，可测定总氟化物。采样滤膜应分别处理和测定。另取未采样的浸取吸收液的滤膜 3~4 张，按照采样滤膜的测定方法测定空白值（取平均值）。

氟化物含量的计算公式如下：

$$\rho = (m_1 + m_2 - 2m_0)/V_n$$

式中　ρ——氟化物的质量浓度，$\mu g/m^3$；

m_1——上层浸渍膜样品中的氟含量，μg；

m_2——下层浸渍膜样品中的氟含量，μg；

m_0——空白浸渍膜平均氟含量，μg；

V_n——标准状态下的采样体积，m^3。

在测定颗粒态氟化物浓度时，将第一层采样膜经酸浸取后，用氟离子选择电极即可测得。计算公式如下：

$$\rho = (m_3 - m_0)/V_n$$

式中　ρ——酸溶性颗粒态氟化物浓度，$\mu g/m^3$；

m_3——第一层膜样品中的氟含量，μg；

m_0——采样空白膜中平均氟含量，μg；

V_n——标准状态下的采样体积，m^3。

需要提醒的一点是，测定样品时的温度与制作标准曲线时的温差不得超过 $\pm 2℃$；正确配制好氟离子标准溶液；高浓度盐类会干扰并减慢响应时间，可加入大量的钠盐或钾盐（恒量）消除；注意氟离子电极的保管、预处理和使用。

2. 石灰滤纸采样氟离子选择电极法

空气中的氟化物与浸渍在滤纸上的氢氧化钙反应而被固定，用总离子强度调节缓冲液提取后，以氟离子选择电极法测定。该方法不需要抽气动力，操作简便，且采样时间长，得出的石灰滤纸上氟化物的含量，反映了放置期间空气中氟化物的平均污染水平。

（三）氮氧化物的测定

空气中的氮氧化物（NO_x）有很多，且有着多种形态，有一氧化氮（NO）、二氧化氮（NO_2）、三氧化二氮（N_2O_3）、四氧化二氮（N_2O_4）、五氧化二氮（N_2O_5）等。其中，NO 为无色、无臭、微溶于水的气体，在空气中极易被氧化成 NO_2，而 NO_2 是棕红色具有强刺激性臭味的气体，其毒性比 NO 高四倍，是引起支气管炎等疾病的有害物质。因此，环境空气的氮氧化物污染，多通过测定 NO_2 含量来分析。一般来说，在测定环境空气中 NO_2 的含量时，国标方法是 Saltzman 法，即盐酸萘乙二胺分光光度法。而对环境空气中 NO_x 进行测定，常用的是三氧化铬石英砂氧化盐酸萘乙二胺分光光度法。

1. 盐酸萘乙二胺分光光度法测定 NO_2 含量

用盐酸萘乙二胺分光光度法测定 NO_2 含量时，采样与显色同时进行，而且这一方法操作简便，灵敏度高，是国内外普遍采用的方法。当采样 $4\sim 24L$ 时，测定空气中 NO_2 的适宜浓度范围为 $0.015\sim 2.0mg/m^3$。

（1）测定原理　用冰乙酸、对氨基苯磺酸和盐酸萘乙二胺配成吸收液采样，空气中的 NO 被吸收转变成亚硝酸和硝酸。在冰乙酸存在的条件下，亚硝酸与对氨基苯磺酸发生重氮化反应，然后再与盐酸萘乙二胺偶合，生成玫瑰红色偶氮染料，其颜色深浅与气样中 NO_2 浓度成正比。因此，可用亚硝酸盐配制标准溶液，再用分光光度计测定吸光度，计算回归方程和空气中 NO_2 浓度。

在用盐酸萘乙二胺分光光度法测定 NO_2 含量时，可采取下面的测定步骤。

① 采样　按监测要求布设样地点。短时间采样（1h 以内）时，需取一支内装 10.0mL 吸收液的多孔玻板吸收瓶，以 0.4L/min 流量采气 4~24L；长时间采样（24h）时，需用大型多孔玻板吸收瓶（液柱高度不低于 80mm），装入 25.0mL 或 50.0mL 吸收液，标记液面位置。将接入采样系统的吸收液恒温在 20℃±4℃，以 0.2L/min 流量采气 288L。

样品采集、运输及存放过程中避光保存，样品采集后尽快分析。若不能及时测定，应将样品置于低温暗处存放，样品在 30℃暗处存放，可稳定 8h；在 20℃暗处存放，可稳定 24h；于 0~4℃冷藏，至少可稳定 3d。

② 定量分析　取 6 支 10mL 具塞比色管，按比例制备亚硝酸盐标准溶液系列。分别移取相应体积的亚硝酸钠标准工作液，并加水至 2.00mL，再加入显色液 8.00mL。各管混匀，暗处放置 20min（室温低于 20℃时放置 40min 以上）。用 10mm 比色皿，在波长 540nm 处，以水为参比测量吸光度，扣除 0 号管的吸光度以后，对应 NO_2^- 的质量浓度，用最小二乘法计算标准曲线的回归方程。标准曲线斜率控制在 0.960~0.978，截距控制在 0.000~0.005（以 5mL 体积绘制标准曲线时，标准曲线斜率控制在 0.180~0.195，截距控制在 ±0.003）。

③ 样品的测定　采样后放置 2min，室温 20℃以下时放置 40min 以上，用水将采样吸收瓶中吸收液的体积补充至标线，混匀。用 10mm 比色皿，在波长 540nm 处，以水为参比测量吸光度，同时测定空白样品的吸光度。若样品的吸光度超过标准曲线的上限，应用实验室空白试液稀释，再测定其吸光度。但稀释倍数不得大于 6。

以测试用的吸收液分别置于实验室和现场为样品做空白实验。其吸光度 A_0 在显色规定条件下波动范围不超过 ±15%。

空气中二氧化氮的浓度，其计算公式如下：

$$C_{NO_2} = \frac{(A_1 - A_0 - a) \times V \times D}{b \times f \times V_0}$$

式中　C_{NO_2} ——空气中 NO_2 的浓度，mg/m^3；

　　　A_1 ——吸收瓶中的吸收液采样后的吸光度；

　　　A_0 ——空白试剂溶液的吸光度；

　　　b ——回归方程式的斜率；

　　　a ——回归方程式的截距；

V——采样用吸收液体积，mL；

V_0——换算为标准状况下的空气样品体积，L；

D——气样吸收液稀释倍数；

f——Saltzman 实验系数，0.88；当空气中 NO_2 浓度高于 0.720mg/m³ 时，f 为 0.77。

(2) 注意事项　在用盐酸萘乙二胺分光光度法测定 NO_2 含量时，以下两个方面要特别予以注意。

第一，由于吸收液吸收空气中的 NO_2 后，并不是 100%生成亚硝酸，还有一部分生成硝酸，因此计算结果时需要用 Saltzman 实验系数进行换算。该系数是用 NO_2 标准混合气体进行多次吸收实验测定的平均值，表征在采样过程中被吸收液吸收生成偶氮染料的亚硝酸量与通过采样系统的 NO_2 总量的比值。f 值受空气中 NO_2 的浓度、采样流量，吸收瓶类型、采样效率等因素影响，故测定条件应与实际样品保持一致。

第二，吸收液应为无色，宜密闭避光保存；如显微红色，说明已被污染，应检查试剂和蒸馏水的质量。

2. 三氧化铬-石英砂氧化盐酸萘乙二胺分光光度法测定 NO_x 含量

(1) 测定原理　在盐酸萘乙二胺分光光度法测定环境空气 NO_2 含量的显色吸收液瓶前，接一内装三氧化铬-石英砂氧化管。采样时，空气样品中的 NO 在氧化管内被氧化成 NO_2，和气样中的 NO_2 一起进入吸收瓶，与吸收液发生吸收、显色反应，于波长 540～545nm 处用标准曲线法进行定量测定，其测定结果为空气中 NO 和 NO_2 的总浓度 C_{NO_x}。采样后的测定步骤和结果计算方法与 NO_2 浓度测定相同。

(2) 注意事项　在用三氧化铬-石英砂氧化盐酸萘乙二胺分光光度法测定 NO_x 含量时，以下两个方面要特别予以注意。

第一，三氧化铬-石英砂氧化管应于相对湿度 30%～70%条件下使用，发现吸湿板结或变成绿色应立即更换。

第二，空气中 O_3 浓度超过 0.250mg/m³ 时，会产生正干扰，采样时在吸收瓶入口端串接一段 15～20cm 长的硅橡胶管，可排除干扰。

（四）一氧化碳的测定

CO 是一种无色、无味的有毒气体，是含碳物质不充分燃烧的产物，是环境空气的主要污染物之一。CO 易与血液中的血红蛋白结合形成碳氧血红蛋白,使血液输送氧的能力降低,引发人体缺氧症状,严重时会导致心悸、窒息或死亡。环境空气中CO测定的国标方法是非分散红外吸收法,此外也可用汞置换法或气相色谱法测定。这里以非分散红外吸收法为例,详细说明测定环境空气CO含量的方法。

(1) 测定原理　当CO、CO_2等气态分子受到红外辐射($1\sim25\mu m$)照射时,将吸收各自特征波长的红外光,引起分子振动能级和转动能级的跃迁,产生振动-转动吸收光谱(红外吸收光谱)。在一定气态CO(或CO_2等气态物质)浓度范围内,吸光度(吸收光谱峰值)与CO浓度间的关系符合朗伯-比尔定律。因而测空气样品吸光度即可确定气态CO浓度。

用非分散红外吸收法测定环境空气CO含量,具有操作简便、测定快速、不破坏被测物质和能连续自动监测等优点。此外,该方法还可用于CH_3、SO_2等气态污染物质的监测。

(2) 非分散红外吸收CO监测仪　非分散红外吸收CO监测仪的工作原理,如图3-13所示。从红外光源发射出能量相等的两束平行光,被同步电机带动的切光片交替切断。一路参比光束(其CO特征吸收波长光强度不变)通过滤波室(内充CO和水蒸气,用以消除干扰光)、参比室(内充不吸收红外光的气体,如氮气)射入检测室。另一路测量光束通过滤波室、测量室射入检测室。由于测量室内有气样通过,则气样中的CO吸收了部分特征波长的红外光,使射入检测室的光束强度减弱,且CO含量越高,光强减弱越多。检测室被一电容检测器(由厚$5\sim10\mu m$金属薄膜和一侧距薄膜$0.05\sim0.08mm$距离处固定的圆形金属片组成)分隔为上、下两室,均充有等浓度CO气体。由于射入检测室的参比光束强度大于测量光束强度,使两室中气体的温度产生差异,导致下室中的气体膨胀压力大于上室,使金属薄膜偏向固定金属片一方,从而改变了电容器两极间的距离,也就改变了电容量,其变化量与气样CO浓度成定量关系。将电容量变化信号转变成电流变化信号,再经放大和处理后由指示仪表和记录仪显示记录测量结果。

(3) 测定要点　用非分散红外吸收法测定环境空气CO含量时,要充分考虑到以下几个测定要点。

① 仪器调零　开机接通电源预热30min,启动仪器内装泵抽入N_2,用流量计控制流量为0.5L/min,调节仪器校准零点。

② 仪器标定　在仪器进气口通入流量为0.5L/min的CO标准气体进行校正,调节仪器灵敏度电位器,使记录器指针在CO浓度的相应读数位置。

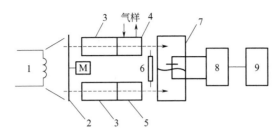

图 3-13 非分散红外吸收 CO 监测仪的工作原理
1—红外光源；2—切光片；3—滤波室；4—测量室；5—参比室；
6—调零挡板；7—检测室；8—放大及信号处理系统；9—指示仪表及记录仪

③ 样品分析　将样品气体通入仪器进气口，待仪器读数稳定后，直接读取仪表显示的气样 CO 浓度。

④ 结果计算　将仪器显示的 CO 浓度值代入下式，将其换算成标准状态下的质量浓度 c（mg/m³）。

$$c = 1.25x$$

式中　c——标准状态下 CO 的质量浓度，mg/m³；

x——仪器显示的 CO 浓度，μL/L；

1.25——标准状态下 CO 气体浓度单位由 μL/L 换算到 mg/m³ 的换算系数。

（4）注意事项　CO 的红外吸收峰在 4.5μm 附近，CO_2 的在 4.3μm 附近，H_2O（气）的在 3μm 和 6μm 附近，因此空气中 CO_2 和水蒸气（H_2O）对 CO 的测定会产生干扰。采用气体滤波室可以消除 CO_2 和水蒸气（H_2O）的干扰。另外，还可用冷却除湿法去除水蒸气的干扰，用窄带光学滤光片将红外光限制在 CO 吸收的窄带范围内以消除 CO_2 的干扰。

（五）臭氧的测定

臭氧（O_3）是高空平流层大气的主要组分成，在对流层近地面大气中含量极微。近地面空气中的氧气在太阳紫外线的照射下或受雷击也能反应生成 O_3。环境空气中 O_3 量大时，会刺激黏膜、损害中枢神经系统，引起人体患支气管炎，并产生头痛等症状。在夏天中午的强紫外线作用下，O_3 与烃类及 NO_x 作用引发光化学烟雾污染。环境空气 O_3 测定的国标方法是紫外光度法和靛蓝二磺酸钠分光光度法。

1. 紫外光度法

（1）测定原理　O_3 对 254nm 附近紫外光有特征吸收，吸光度与气样 O_3 浓度间的关系符合朗伯-比尔定律。空气样和经 O_3 去除器的背景气交变（每 10s 完成一个循环）地通过气室，分别吸收光源经滤光器射出的特征波长紫外光，由光电检测系统（光电倍增管和放大器）检测透过空气样的光强 I 和透过背景气的光强 I_0，经数据处理器根据 I/I_0 值算出空气样 O_3 浓度，直接显示和记录消除背景干扰后的 O_3 浓度值。为防止背景气中其他成分的干扰，仪器须定期输入标准气进行量程校准。

（2）测定要点　开机接通电源使仪器预热 1h 以上，待仪器稳定后连接气体采样管，准备现场测定。将臭氧分析仪与数据记录仪（或计算机）连接，以备记录臭氧浓度。仪器准备好后，带到监测现场进行空气臭氧浓度现场测定并及时记录数据。

（3）注意事项　在用紫外光度法测定臭氧时，以下两个方面要特别予以注意。

第一，紫外臭氧分析仪运转期间，至少每周检查一次仪器零点、跨度和各项操作参数。每季度进行一次多点校正。

第二，本法虽不受常见空气成分的干扰，但 $20\mu g/m^3$ 以上的苯乙烯、$5\mu g/m^3$ 以上的苯甲醛、$100\mu g/m^3$ 以上的硝基苯酚以及 $100\mu g/m^3$ 以上的反式甲基苯乙烯，都会对紫外臭氧测定仪产生干扰，影响臭氧的测定。

2. 靛蓝二磺酸钠分光光度法

（1）测定原理　用含有靛蓝二磺酸钠（IDS）的磷酸盐缓冲溶液作吸收液采集空气样品，则空气中的 O_3 与吸收液中蓝色的靛蓝二磺酸钠等摩尔反应，褪色生成靛红二磺酸钠。在 610nm 处测量吸光度，用标准曲线定量。

（2）测定步骤

第一，采集与保存样品。用内装 10.00mL±0.02mL IDS 吸收液的多孔玻板吸收管，罩上黑色避光套，以 0.5L/min 流量采气 5~30L。当吸收液褪色约 60% 时（与现场空白样品比较），应立即停止采样。样品在运输及存放过程中应严格避光。当确信空气中臭氧的质量浓度较低，不会穿透时，可以用棕色玻板吸收管采样。样品于室温暗处存放至少可稳定 3d。

第二，现场空白样品。用同一批配制的 IDS 吸收液，装入多孔玻板吸收管中，带到采样现场。除了不采集空气样品外，其他环境条件保持与采集空气的采样管相同。每批样品至少带两个现场空白样品。

第三，绘制校准曲线。取10mL具塞比色管6支，各管摇匀，用20mm比色皿，以水作参比，在波长610nm下测量吸光度。以校准系列中零浓度管的吸光度（A_0）与各标准色列管的吸光度（A）之差为纵坐标，臭氧质量浓度为横坐标，用最小二乘法计算校准曲线的回归方程：

$$y = bx + a$$

式中，y为空白样品的吸光度与各标准色列管的吸光度之差；x为臭氧质量浓度，μg/mL；b为回归方程的斜率；a为回归方程的截距。

第四，样品测定。采样后，在吸收管的入气口端串接一个玻璃尖嘴，在吸收管的出气口端用吸耳球加压将吸收管中的样品溶液移入25mL（或50mL）容量瓶中，用水多次洗涤吸收管，使总体积为25.0mL（或50.0mL）。用20mm比色皿，以水作参比，在波长610nm下测量吸光度。

（3）注意事项 在用靛蓝二磺酸钠分光光度法测定臭氧时，以下两个方面要特别予以注意。

第一，本方法适合于高臭氧含量气样的测定，当采样体积为5～30L时，测定范围为0.030～1.200mg/m³。

第二，Cl_2、ClO_2、NO_2、SO_2、H_2S、PH_3和HF等对O_3测定有干扰，但一般情况下，空气中上述气体的浓度很低，不会造成显著误差。

（六）硫化氢的测定

在测定硫化氢时，主要采用的方法是火焰光度气相色谱法。

1. 基本原理

硫化氢等硫化物含量较高的气体样品可直接用注射器取样1～2mL，注入安装有火焰光度检测器（FPD）的气相色谱仪分析。当直接进样体积中硫化物绝对量低于仪器检出限时，则需以浓缩管在以液氧为制冷剂的低温条件下对1L气体样品中的硫化物进行浓缩，浓缩后将浓缩管连入色谱仪并加热至100℃，使全部浓缩成分流经色谱柱分离，由FPD对各种硫化物进行定量分析。在一定浓度范围内，各种硫化物含量的对数与色谱峰高的对数成正比。

样品气体浓度的计算公式为：

$$c = \frac{f \times 10^{-3}}{V_{nd}}$$

式中　c——气样中硫化物组分浓度，mg/m³；

f——硫化物组分绝对量，ng；

V_{nd}——换算成标准状态下进样或浓缩体积，L。

这一方法适用于恶臭污染源排气和环境空气中硫化氢、甲硫醇、甲硫醚和二甲二硫的同时测定。气相色谱仪的火焰光度检测器（GC-FPD）对四种成分的检出限为 $(0.2×10^{-9})\sim(1.0×10^{-9})$g，当气体样品中四种成分浓度高于 1.0mg/m³ 时，可取 1~2mL 气体样品直接注入气相色谱仪进行分析。对 1L 气体样品进行浓缩，四种成分的最低检出浓度分别为 $(0.2×10^{-3})\sim(1.0×10^{-3})$mg/m³。

2. 采样

在进行采样时，可以采用以下几种方式。

（1）采气瓶采样　环境气体样品和无组织排放源臭气样品用经真空处理的采气瓶采集。采样时应选择下风向指定位置恶臭气味最有代表性时采样，同一样品应平行采集 2~3 个。采样时拔出真空瓶一侧的硅橡胶塞，往瓶内充入样品气体至常压，随即以硅橡胶塞塞住入气孔，采样瓶避光运回实验室，在 24h 内分析。

（2）采样袋采气　对于排气筒内臭气样品应以采样袋进行采集。在排气筒取样口侧安装采样装置，启动抽气泵，用排气筒内气体将采样袋清洗 3 次后，在 1~3min 内使样品气体充满采样袋。采样袋避光运回实验室分析。

（3）样品的浓缩　取采集气体样品 1~2mL 直接注入色谱仪分析，没有成分峰出现时，则需将气体样品中的被测成分浓缩至浓缩管中。如果需对采样袋中气体样品进行浓缩时，可用带流量计量装置、真空度计量装置的采样器代替真空泵，计量浓缩一定体积的气体样品。

（七）硫酸盐化速率的测定

大气中含硫污染物变为硫酸雾和硫酸盐雾的速度，便是硫酸盐化速率。在对硫酸盐化速率进行测定时，常用的方法有以下两种。

1. 碱片-重量法

将用碳酸钾溶液浸渍的玻璃纤维滤膜暴露于大气中，碳酸钾与空气中的二氧化硫等反应生成硫酸盐，加入氯化钡溶液将其转化为硫酸钡沉淀，用重量法测定，结果以每日在 100cm² 碱片上所含 SO_3 的质量（mg）表示。

在运用该方法来测定硫酸盐化速率时，先制备碱片并烘干，放入塑料皿

(滤膜毛面向上，用塑料垫圈压好边缘)，至现场采样点，固定在特制的塑料皿支架上，采样 (30 ± 2)d。将采样后的碱片置于烧杯中，加入盐酸使二氧化碳逸出，捣碎碱片并加热近沸，用定量滤纸过滤，得到样品溶液，加入 $BaCl_2$ 溶液，得到 $BaSO_4$ 沉淀，将沉淀烘干、称重。同时，将一个没有采样的烘干的碱片放入烧杯中，按同样方法操作，并测其空白值。计算公式如下：

$$硫酸盐化速率[mg/(100cm^2 \cdot d)] = \frac{m_2 - m_0}{S \cdot n} \times \frac{M(SO_3)}{M(BaSO_4)} \times 100$$

$$= \frac{m_s - m_0}{S \times n} \times 34.3$$

式中　　m_s——样品碱片中测得的 $BaSO_4$ 的质量，mg；

m_0——空白碱片中测得的 $BaSO_4$ 的质量，mg；

S——采样碱片有效采样面积，cm^2；

n——碱片采样放置天数，准确至 0.1d；

$M(BaSO_4)$—— $BaSO_4$ 的分子量；

$M(SO_3)$—— SO_3 的分子量。

2. 二氧化铅-重量法

大气中的二氧化硫、硫酸雾、硫化氢等与二氧化铅反应生成硫酸铅，用碳酸钠溶液反应，使硫酸铅转化为碳酸铅，释放出硫酸根离子，再加入氯化钡溶液，生成硫酸钡沉淀，用重量法测定，结果以每日在 $100cm^2$ 的二氧化铅面积上所含 SO_2 的质量（mg）表示。反应式如下：

$$SO_2 + PbO_2 \longrightarrow PbSO_4$$
$$H_2S + PbO_2 \longrightarrow PbO + H_2O + S$$
$$PbO_2 + S + O_2 \longrightarrow PbSO_4$$

PbO_2 采样管的制备是在素瓷管上涂一层黄薯胶乙醇溶液，将适当大小的湿纱布平整地绕贴在素瓷管上，再均匀地刷上一层黄薯胶乙醇溶液，除去气泡，自然晾至近干后，将 PbO_2 与黄薯胶乙醇溶液研磨制成的糊状物均匀地涂在纱布上，涂布面积约为 $100cm^2$，晾干移入干燥器存放。采样是将 PbO_2 采样管固定在百叶箱中，在采样点上放置 (30 ± 2)d。注意不要靠近烟囱等污染源。收样时，将 PbO_2 采样管放入密闭容器中。准确测量 PbO_2 涂层的面积，将采样管放入烧杯中，用碳酸钠溶液淋湿涂层，用镊子取下纱布，并用碳酸钠溶液冲洗瓷管，取出。搅拌洗涤液，盖好，放置 2~3h 或过夜。将烧杯在沸水浴上加热近沸，保持 30min，稍冷，倾斜过滤并洗涤，获得样品滤液。在滤液中加甲基橙指示剂，滴加盐酸至红色并稍过量。在沸水浴上加热，除去 CO_2，滴加 $BaCl_2$，溶液至沉淀完全，再加热 30min，冷却，放置 2h 后，用恒重的 G_4 玻璃砂芯坩埚抽气过滤，洗涤至滤液中无氯离子。将坩埚于 105～110℃ 烘箱中烘至恒重。同时，将保存在干燥器内的两支空白采样管按同法操作，测其空白值。测定公式如下：

$$硫酸盐化速率 [mg/(100cm^2 \cdot d)] = \frac{m_s - m_0}{S \times n} \times \frac{M(SO_3)}{M(BaSO_4)} \times 100$$

式中　　m_s——样品管测得 $BaSO_4$ 的质量，mg；

m_0——空白管测得 $BaSO_4$ 的质量，mg；

S——采样管上 PbO_2 涂层面积，cm^2；

n——采样天数，准确至 0.1d；

$M(SO_3)$——SO_3 的分子量；

$M(BaSO_4)$——$BaSO_4$ 的分子量。

需要注意的是，PbO_2 的粒度、纯度、表面活度；PbO_2 涂层厚度和表面湿度；含硫污染物的浓度及种类；采样期间的风速、风向及空气温度、湿度等因素均会影响测定。用过的玻璃砂芯坩埚应及时用水冲出其中的沉淀，用温热的 EDTA-氨溶液浸洗后，再用（1+4）盐酸溶液浸洗，最后用水抽滤，仔细洗净，烘干备用。

二、气态有机污染物测定

（一）苯系物的测定

空气中常见的苯系物，有苯、甲苯、二甲苯和苯乙烯等。苯、甲苯、二甲苯一般是共存的，工业上把它们称为三苯。苯及苯化合物主要来自于合成纤维、塑料、燃料、橡胶等，隐藏在油漆、各种涂料的添加剂以及各种胶黏剂、防水材料中，还可来自燃料和烟叶的燃烧。国际卫生组织已经把苯定为强烈致癌物质。苯系物主要指三苯和苯乙烯。在测定环境空气中的苯系物时，国标方法为固体吸附/热脱附-气相色谱法。

1. 基本原理

用填充聚 2,6-二苯基对苯醚（Tenax）采样管，在常温条件下，富集环境空气中的苯系物，采样管连入热脱附仪，加热后将吸附成分导入带有氢火焰离子化检测器（FID）的气相色谱仪进行分析。

2. 样品采集

在进行样品采集时，需要遵循以下几个要求。

第一，采样前应对采样器进行流量校准。在采样现场，将一支采样管与空气采样装置相连，调整采样装置流量，此采样管仅作为调节流量用，不用作采样分析。

第二，常温下，将老化后的采样管去掉两侧的聚四氟乙烯帽，按照采样管上流量方向与采样器相连，检查采样系统的气密性。以 10～200mL/min 的流量采集空气 10～20min。若现场大气中含有较多颗粒物，可在采样管前连接过滤头。同时记录采样器流量、当前温度和气压。

第三，采样完毕前，再次记录采样流量，取下采样管，立即用聚四氟乙烯帽密封。

第四，将老化后的采样管运输到采样现场，取下聚四氟乙烯帽后重新密封，不参与样品采集，并同已采集样品的采样管一同存放。每次采集样品，都应采集至少一个现场空白样品。

3. 测定步骤

分别取适量的标准贮备液，用甲醇（色谱纯）稀释并定容至 1.00mL，配制质量浓度依次为 $5\mu g/mL$、$10\mu g/mL$、$20\mu g/mL$、$50\mu g/mL$ 和 $100\mu g/mL$ 的校准系列。

将老化后的采样管连接于其他气相色谱仪的填充柱进样口，或类似于气相色谱填充柱进样口功能的自制装置，设定进样口（装置）温度为50℃，用注射器注射 $1.0\mu L$ 标准系列溶液，用 100mL/min 的流量通载气 5min，迅速取下采样管，用聚四氟乙烯帽将采样管两端密封，得到 5ng、10ng、20ng、50ng 和 100ng 校准曲线系列采样管。将校准曲线系列采样管按吸附标准溶液时气流相反方向接入热脱附仪分析，根据目标组分质量和响应值绘制校准曲线。

将样品采样管安装在热脱附仪上，样品管内载气流的方向与采样时的方向相反，调整分析条件，目标组分脱附后，经气相色谱仪分离，由 FID 检测。记录色谱峰的保留时间和相应值。根据校准曲线计算目标组分的含量。

现场空白管与已采集的样品管同批测定。

4. 结果计算

计算气体中目标化合物浓度时，公式如下：

$$\rho = \frac{W - W_0}{V_{nd} \times 1000}$$

式中 ρ——气体中被测组分质量浓度，mg/m^3；

W——热脱附进样，由校准曲线计算的被测组分的质量，ng；

W_0——由校准曲线计算的空白管中被测组分的质量，ng；

V_{nd}——标准状态下（101.325kPa，273.15K）的采样体积，L。

（二）挥发性有机物（VOC_s）的测定

就当前而言，已有很多在人类一般生活环境中检测出多种有毒有害挥发性有机化合物（VOC_s）的报道，人们对生活环境，特别是对室内空气污染的关心程度逐渐提高。由于在这些有毒有害 VOC_s 中还含有致畸变、致癌性的物质，因此，长期暴露在这样的环境中，将会对人体造成健康损害和疾病。基于此，很有必要对环境空气中 VOCs 进行测定。

1. 基本原理

采用固体吸附剂富集环境空气中挥发性有机物，将吸附管置于热脱附仪中，经气相色谱分离后，用质谱法进行检测。通过与待测目标物标准质谱图相比较和保留时间进行定性，外标法或内标法定量。

2. 样品采集

（1）采样流量10～200mL/min；采样体积2L。当相对湿度大于90%时，应减小采样体积，但最少不应小于300mL。

（2）将一根新吸附管连接到采样泵上，按吸附管上标明的气流方向进行采样。在采集样品过程中要注意随时检查调整采样流量，保持流量恒定。采样结束后，记录采样点位、时间、环境温度、大气压、流量和吸附管编号等信息。

（3）样品采集完成后，应迅速取下吸附管，密封吸附管两端或放入专用的套管内，外面包裹一层铝箔纸，运输到实验室进行分析。新购的吸附管或采集高浓度样品后的吸附管需进行老化。老化温度350℃，老化流量40mL/min，老化时间10～15min。吸附管老化后，立即密封两端或放入专用的套管内，外面包裹一层铝箔纸。包裹好的吸附管置于装有活性炭或活性炭与硅胶混合物的干燥器内，并将干燥器放在无有机试剂的冰箱中，4℃保存，7d内分析。

（4）候补吸附管的采集：在吸附管后串联一根老化好的吸附管。每批样品应至少采集一根候补吸附管，用于监视采样是否穿透。

（5）现场空白样品的采集：将吸附管运输到采样现场，打开密封帽或从专用套管中取出，立即密封吸附管两端或放入专用的套管内，外面包裹一层铝箔纸。同已采集样品的吸附管一同存放并带回实验室分析。每次采集样品，都应至少带一个现场空白样品。

3. 测定步骤

用微量注射器分别移取 $25\mu L$、$50\mu L$、$125\mu L$、$250\mu L$ 和 $500\mu L$ 的标准贮备溶液至 10mL 容量瓶中，用甲醇（分析纯级）定容，配制目标物浓度分别为 5.0mg/L、10.0mg/L、25.0mg/L、50.0mg/L 和 100.0mg/L 的标准系列。用微量注射器移取 $1.0\mu L$ 标准系列溶液注入热脱附仪中，按照仪器参考条件，依次从低浓度到高浓度进行测定，绘制校准曲线。

将采完样的吸附管迅速放入热脱附仪中，按照一定条件进行热脱附，载气流经吸附管的方向应与采样时气体进入吸附管的方向相反。样品中目标物随脱附气进入色谱柱；进行测定。按与样品测定相同步骤分析现场空白样品。

（1）热脱附仪参考条件　传输线温度130℃；吸附管初始温度35℃；聚焦管初始温度35℃；吸附管脱附温度325℃；吸附管脱附时间3min；聚焦管脱附温度325℃；聚焦管脱附时间5min；一级脱附流量40mL/min；聚焦管老化温度350℃；干吹流量40mL/min；干吹时间2min。

（2）气相色谱仪参考条件　进样口温度200℃；载气氦气；分流比5∶1；柱流量（恒流模式）1.2mL/min。升温程序：初始温度30℃，保持3.2min，以11℃/min升温到200℃保持3min。为消除水分的干扰和检测器的过载，可根据情况设定分流比。

（3）质谱参考条件　扫描方式为全扫描；扫描范围35～270amu；离子化能量70eV；接口温度280℃。为提高灵敏度，也可选用选择离子扫描方式进行分析。

4. 注意事项

挥发性有机物（VOC_S）的测定，要特别注意以下几个方面。

第一，温度和风速会对样品采集产生影响。采样时，环境温度应小于40℃；风速大于5.6m/s时，采样时吸附管应与风向垂直放置，并在上风向放置掩体。

第二，吸附管中残留的 VOC_S 对测定的干扰较大，严格执行老化和保存程序能使此干扰降到最低。

第三，新购吸附管都应标记唯一性代码和表示样品气流方向的箭头，并建立吸附管信息卡片，记录包括吸附管填装或购买日期、最高允许使用温度和使用次数等信息。

（三）总烃和非甲烷烃的测定

总碳氢化合物主要有两种表示方法：一种是包括甲烷在内的碳氢化合物，称为总烃（THC），另一种是除甲烷以外的碳氧化合物，称为非甲烷烃（NMHC）。

大气中的碳氢化合物主要是甲烷，其浓度范围为 2~8μL/L。但当大气严重污染时，甲烷以外的碳氢化合物会大量增加，它们是形成光化学烟雾的主要物质之一，主要来自炼焦、化工等生产废气及机动车尾气等。甲烷不参与光化学反应，所以，测定不包括甲烷的碳氢化合物对判断和评价大气污染具有实际意义。在对总烃和非甲烷烃进行测定时，可以运用以下两种方法。

1. 气相色谱法

用气相色谱仪测定后，可以根据色谱峰出峰时间进行定性分析，也可根据色谱峰的峰高或峰面积进行定量分析。总烃浓度的计算公式如下：

$$C_{总} = \frac{H_1 - H_a}{H_s} \times E$$

式中　$C_{总}$——气样中总烃浓度（以甲烷计），mg/m³；

E——甲烷标准气浓度，即 16/22.4mg/m³，16/22.4 为换算因子；

H_1——样品中总烃峰高（包括氧的响应），cm；

H_a——除烃净化空气峰高，cm；

H_s——甲烷标准气体经总烃柱的峰高，cm。

计算甲烷浓度时，公式如下：

$$C_{甲烷} = \frac{H_b}{H_s} \times E$$

式中　$C_{甲烷}$——气体中甲烷浓度，mg/m³；

H_b——样品中甲烷的峰高，cm；

H_s——甲烷标准气体经总烃柱的峰高，cm；

E——甲烷标准气浓度，即 16/22.4mg/m³，16/22.4 为换算因子。

非甲烷的计算公式如下：

$$C_{非甲烷} = C_{总} - C_{甲烷}$$

2. 光电离检测法

有机化合物分子在紫外光照射下可产生光电离现象,用 PID 离子检测器收集产生的离子流,其大小与进入电离室的有机化合物的质量成正比。PID 法通常使用 10.2eV 的紫外光源,此时氧气、氮气、二氧化碳、水蒸气等不电离,不会产生干扰。甲烷的电离能为 12.98eV,也不被电离。四碳以上的烃大部分可以电离。该法简单,可进行连续监测,所检测的非甲烷烃是指四碳以上的烃。

第三节　大气污染源监测与大气水平能见度测定

一、大气污染源监测

大气污染源监测在大气监测中占有极其重要的位置,它可以为大气环境管理及评价提供重要依据。

(一)大气污染源的含义与类型

1. 大气污染源的含义

大气污染源常指向大气环境排放有害物质或对环境产生有害影响的场所、设备和装置,是导致大气中污染物的发生源。

2. 大气污染源的类型

依据物理特点,大气污染源可以分为以下两类。

(1) 固定污染源　固定污染源指工业生产和居民生活所用的烟道、烟囱及排气筒等。它们排放的废气中既包含固态的烟尘和粉尘,也包含气态和气溶胶态等多种有害物质。

(2) 流动污染源　流动污染源指汽车、柴油机车等交通运输工具,其排放废气中含有大量的烟尘和有害物质。

(二)大气污染源监测的目的与作用

1. 大气污染源监测的目的

大气污染源监测的目的是,处理好污染源、环境和人群健康这一大体系,了解排放物质是什么，排放的量有多少，有什么特点，以及污染物对人体健康的影响等。然后根据经济、技术、法律等规则及其他管理手段和措施，制订排污标准，控制排放量，提出治理方案，为大气质量管理与评价提供重要依据。

2. 大气污染源监测的作用

大气污染源监测的作用，主要有以下几个。

第一，检查污染源排放的废气中有害物质的浓度是否符合排放标准的要求。

第二，评价废气净化装置的性能和运行情况，以了解所采取的污染防治措施效果如何。

第三，为大气质量管理与评价提供依据。

（三）大气污染源监测的方法

大气中固定污染源的监测，国家已有标准《固定污染源排气中颗粒物测定与气态污染物采样方法》（GB/T 16157—1996），该方法主要规定了大气固定污染源中颗粒物和气态污染物的采样测定及计算方法。采样时，还应遵守有关排放标准和气态污染物分析方法标准的有关规定。该标准适用于各种炼炉、工业炉窑及其他固定污染源排气中颗粒物的测定和气态污染物采样。

标准还规定了排气参数温度、压力、水分、成分的测定；排气密度和气体相对分子质量的计算；排气流速和流量的测定；排气中颗粒物的测定和排放浓度、排放率的计算；排气中气态污染物采样和排放浓度、排放率的测定。

（四）大气污染源监测的要求与注意事项

1. 大气污染源监测的要求

大气污染源监测的要求，主要有以下几个。

第一，进行监测时，生产设备必须处于正常运转状态。

第二，对于随不同的生产过程，废气排放情况不同的污染源，应根据生产过程的变化特点和周期进行系统监测。

第三，测定工业锅炉烟尘浓度时，锅炉应在稳定的负荷下运转，工作负荷不能低于额定负荷的 85%。对于人工加煤的锅炉和家用火炉，至少要测定两个加煤周期的浓度。

第四，对汽车尾气进行监测时，由于尾气中污染物含量与其行驶状态有关，所以在不同行驶状态下（空挡、加速、匀速、减速等）尾气中的污染物含量均应测定。

2. 大气污染源监测的注意事项

监测时需要注意的是，对有害物质排放浓度和废气排放量进行计算时，气样体积要采用现行监测方法中推荐的标准状态（温度为0℃，大气压力为101.3kPa）下干燥气体的体积。

（五）大气污染源监测的内容

大气污染源监测的内容主要有以下几个。

第一，污染源的废气排放量，m^3/h。

第二，污染源的有害物质排放量，kg/h。

第三，污染源排放的废气中有害物质的质量浓度，mg/m^3。

（六）大气污染源样品的采集

大气固定污染源包括烟道、烟囱、排气筒，它们排放的污染物有固体颗粒污染物和气体污染物；流动污染源包括汽车和柴油车交通工具，它们排放的污染物有烟尘、烟雾及其他有害气体，对于这两种污染源，国家已有标准规定的采样方法、测定方法及方法的适用范围。

1. 固定污染源样品的采集

各种不同类型的工业或其他用途的固定污染源，具有规律或无规律的周期排放，采样往往需要较长的周期，为了节省采样时间，应预先制订详细的计划。依实验要求和污染源的性质设计采样方案，一般的采样方案应包括以下一些主要内容。

第一，产品的生产流程。

第二，操作条件对排放的影响。

第三，操作过程中每个循环的时间及频率，如采暖锅炉的封火期及供热期的时间和频率。

第四，烟道中采样点的选择，以便能满足采样分析的要求。

第五，根据操作条件安排采样时间及频率等。

只有经过极为周密细致的设计之后取得的样品，才能比较接近真实的污染状况。对于圆形烟道是将烟道分成适当数量的等面积同心圆环。各测点选择在各环等面积中心线采样位置与呈垂直相交的两条直径的交点处。

（1）选择采样位置　采样位置应优先选择垂直管段，应避开烟道弯头和断面急剧变化的部位，采样位置应设在距弯头、阀门、变径管下游方向不小于 6 倍直径的地方，或距部件上游方向不小于 3 倍地方。

如果客观条件难以满足上述要求，采样断面与阻力构件的距离也不应小于管道直径的 1.5 倍，此时应适当增加测点数目。采样断面气流流速最好在 5m/s 以上；对矩形烟道的直径按其当量直径计算。对于气态污染物，由于混合比较均匀，其采样位置可以不受上述规定限制，但应避开涡流区，如果同时测定排气流量，采样位置要按上述要求进行。需要特别注意的是采样位置要避开对测试人员有危险的场所。

(2) 确定采样点数目　烟道内同一断面上各点的气流速度和烟尘浓度分布通常是不均匀的，因此，必须按照一定原则进行多点采样。采样点的数目主要根据烟道断面的形状、尺寸大小和流速分布情况来确定。

① 圆形烟道　在选定的采样断面上设两个相互垂直的采样孔。按照图 3-14 所示的方法将烟道断面分成一定数量的同心等面积圆环，沿着两个采样孔中心线设四个采样点。若采样断面上气流速度较均匀，可设一个采样孔，采样点数减半。当烟道直径小于 0.3m，且流速均匀时，可只在烟道中心设一个采样点。

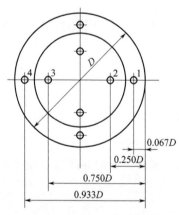

图 3-14　圆形烟道采样点

② 矩形烟道　将烟道分成适当数量的等面积矩形小块，各块中心即为测点。矩形小块面积一般要小于 0.6m²。矩形小块的数目和测点数可根据烟道断面的面积来定（图 3-15）。

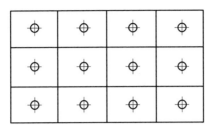

图 3-15 矩形烟道采样点

③ 拱形烟道 这种烟道的上部为半圆形,下部为矩形,可分别按圆形和矩形烟道的布点方法确定采样点的位置及数目。当烟道内积灰时,应将积灰部分的面积从断面内扣除,按有效面积设置采样点。

在测压管和采样管能到达各采样点位置的情况下,要尽可能地少开采样孔。一般开两个互成 90°的孔,最多开 4 个孔,采样孔的直径应不小于 75mm。当采集有毒或高温烟气,且烟气呈正压时,应在采样孔处设置防喷装置。

(3) 气态污染物的采样方法 固定污染源中气态污染物由于含量的不固定,有高有低,所以各污染物的测定方法也无法固定,可以采用化学采样法。化学采样法基本原理是通过采样管将样品抽到装有吸收液的吸收瓶或装有固体吸收剂的吸附管、真空瓶、注射器中,则吸收液或吸收液中样品经化学分析或仪器分析得出污染物含量。

(4) 颗粒物的采样 烟气中颗粒物采样方法是将采样管由采样孔插入烟道中,使采样嘴置于测点上正对气流,按颗粒物等速采样法采样。根据采样管滤筒上所捕集到的颗粒物量和同时抽取的气体量,计算出排气颗粒物浓度。

2. 流动污染源样品的采集

流动污染源主要指的是各类汽车,因此对汽车中发动机尾气气溶胶样品的采集对于研究城市大气污染具有重要意义。发动机尾气的采集是有一定困难的,一是由于尾气颗粒物是以气溶胶或烟雾剂形态存在;二是刚从发动机排出的气溶胶具有较高的温度,当用空气流速很高的大流量采样器收集时,尾气常因温度剧烈下降,而在滤膜上凝结,阻塞滤膜空隙,影响采样。对该类样品的采集,国外专有采样设备,例如 Vecchio 等设计的发动机尾气采样器是利用水浴冷凝管冷却捕集装置捕集,气体被捕集后进入滤头,滤头的滤膜为两层,一层是玻璃纤维滤膜,另一层是醋酸纤维滤膜。

（七）固定污染源的监测

1. 测定基本状态参数

烟气的温度、压力、流速和含湿量是烟气的基本状态参数，也是计算烟尘及烟气中有害物质浓度的依据。通过采样流量和采样时间的乘积可以求得烟气体积，而采样流量可由测点烟道断面面积乘以烟气流速得到，流速由烟气温度和压力计算求得。

（1）测量温度　测温仪器有热电偶、电阻温度计和玻璃温度计等。测定温度时，将温度计插入烟道中测量点处，封闭测孔，待温度稳定后读数。对于直径小、温度不高的烟道，可使用长杆水银温度计。测量时，应将温度计球部放在靠近烟道的中心位置处读数。对于直径大、温度高的烟道，要用热电偶测温毫伏计测量。测温原理是将两根金属导线连成闭合回路，当两接点处于不同温度环境时，便产生热电势。两接点温差越大，热电势越大。如果热电偶一个接点（自由端）温度保持恒定，则热电偶的热电势大小便完全取决于另一个接点（工作端）的温度。用测温毫伏计测出热电偶的热电势，便可知工作端所处的环境温度。根据测温高低，选用不同材料的热电偶。测量800℃以下的烟气用镍铬-康铜热电偶；测量1300℃以下烟气用镍铬-镍铝热电偶；测量1600℃以下的烟气用铂-铂铑热电偶。

（2）测量压力　烟道的压力分为全压 p（指气体在管道中流动具有的总能量）、静压 p_0（指单位体积气体所具有的势能，表现为气体在各个方向上作用于器壁的压力）和动压 p_e（单位体积气体具有的动能，是气体流动的压力），它们之间的关系为：$p = p_0 + p_e$。只要测出三项中任意两项，即可求出第三项。测量烟气压力的仪器由测压管和压力计组成。

① 测压管　常用的测压管有两种：一种是标准皮托管；另一种是S形皮托管。

标准皮托管（图3-16）由于测压孔小，易被堵塞，所以适用于测量含尘量少的较清洁烟气。

S形皮托管（图3-17）是由两根相同的金属管并联组成，其测量端有两个大小相等、方向相反的开口。测量烟气压力时，一个开口面向气流，测量气流的全压，另一个开口背向气流，测量气流的静压。因开口较大，适用于测烟尘含量较高的烟气。由于气体绕流的影响，测得的静压比实际值小，所以使用前必须用标准皮托管校正。

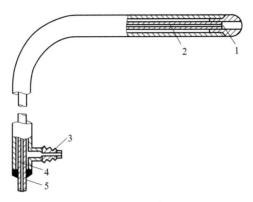

图 3-16 标准皮托管
1—全压测孔；2—静压测孔；3—静压管接口；4—全压管；5—全压管接口

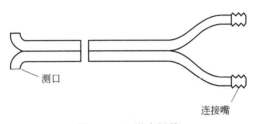

图 3-17 S 形皮托管

② 压力计 常用的压力计主要有两种，即 U 形管压力计和倾斜式微压计。

U 形管压力计是一个内装工作液体的 U 形玻璃管。常用的工作液体可选用水、乙醇和汞。使用时，将两端或一端与测压系统连接，压力（p）的计算公式如下：

$$p = \rho g h$$

式中 ρ——工作液体的密度，kg/m^3；

g——重力加速度，m/s^2；

h——两液面高度差，m。

上式的压力单位为 Pa，但在实际工作中，常用 mmH_2O。另外，作为压力单位，U 形管压力计的测量误差可达 $1\sim2mmH_2O$，不适宜测量微小压力。

倾斜式微压计是由一截面积（A）较大的容器和一截面积（a）很小的玻璃管连接而成，内装工作液体，玻璃管上的刻度表示压力读数（图 3-18）。

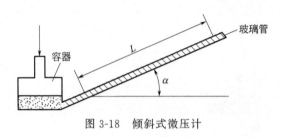

图 3-18　倾斜式微压计

测压时，将微压计容器开口与测压系统中压力较高的一端相连，斜管与压力较低的一端相连，作用在两个液面上的压力差使液柱沿斜管上升，压力（p）的计算公式如下：

$$p = L\left(\sin\alpha + \frac{a}{A}\right)\rho g$$

$$p = LK$$

式中　L——斜管内液柱长度，m；
　　　α——斜管与水平面夹角，(°)；
　　　a——斜管截面积，mm^2；
　　　A——容器截面积，mm^2；
　　　ρ——工作液体密度，kg/m^3；
　　　g——重力加速度，m/s^2；
　　　K——修正系数，等于$\left(\sin\alpha + \frac{a}{A}\right)\rho g$，以 mmH_2O 作为压力单位，压力计的修正系数一般为 0.1、0.2、0.3、0.6 等，用于测量 150mmH_2O 以下的压力。

③ 测定步骤

第一，把仪器调整到水平状态，检查液柱内是否有气泡，并将液面调至零点。

第二，将皮托管与压力计连接，把测压管的测压口伸进烟道内测点上，并对准气流的方向，从 U 形管压力计上读出液面差，或是从微压计上读出斜管液柱长度。

第三,按相应公式计算得到压力。

(3) 计算烟气流速　烟气流速与烟气压力和温度有关,烟气的流速与其动压平方根成正比,根据测得的某点处的动压、静压及温度等参数后,可以计算该测点的排气流速(v_s):

$$v_s = 128.9 K_p \sqrt{\frac{(273+t_s)P_d}{M_s(p_a+p_s)}}$$

当烟气成分与空气相近,烟气露点温度在35～55℃,烟气的绝对压力为97～103kPa,接近常温条件时,排气流速计算式可简化为下列形式:

$$v_a = 129 K_p \sqrt{P_d}$$

式中　v_s——湿排气的气体流速,m/s;

　　　v_a——常温常压下通风管道的空气流速,m/s;

　　　P_d——排气动压,Pa;

　　　p_s——排气静压,Pa;

　　　M_s——湿排气的摩尔质量,kg/kmol;

　　　t_s——排气温度,℃;

　　　p_a——大气压力,Pa;

　　　K_p——皮托管修正系数。

(4) 测定烟气中含湿量　烟气中水分含量的测定方法,可以采用冷凝法、重量分析法或干湿球法等。其中,冷凝法(图3-19)是烟道中抽出一定量的

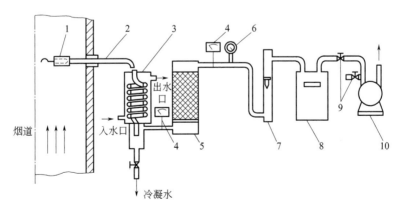

图3-19　冷凝法测定含湿量装置

1—滤筒;2—采样管;3—冷凝器;4—温度计;5—干燥器;
6—真空压力计;7—转子流量计;8—累计流量计;9—调解阀;10—抽气泵

气体，通过冷凝器，根据冷凝出的水量，加上从冷凝器排出的饱和气体含有的水蒸气量，计算排气中的水分。重量分析法是抽取一定量的烟道气，使之通过装有吸湿剂的吸湿管，则烟气中的水分被吸湿剂吸收，称量吸湿管的质量变化，增重部分就是烟气中的水分含量。干湿球法是气体在一定流速下流经干湿温度计，根据干、湿球温度计读数及有关压力，计算烟气的水分含量。

2. 测定烟尘浓度

测定原理为让一定体积的烟气通过已知质量的捕尘装置，根据捕尘装置采样前后的质量差和采样体积计算烟尘的浓度。

（1）采样

① 采样的类型　烟尘的采样分为定点采样和移动采样。

定点采样适用于测定烟道内烟尘的分布状况和确定烟尘的平均浓度。分别在断面上每个采样点采样，即每个采样点采集一个样品。测定烟气烟尘浓度时必须采用等速采样法，即烟气进入采样嘴的速度应与采样点烟气流速相等。采气流速大于或小于采样点烟气流速都将造成测定误差。

移动采样适用于测定烟道不同断面上烟气中烟尘的平均浓度。采样时用同一个尘粒捕集器在已确定的各采样点上移动采样，在各点的采样时间相同，这是目前普遍采用的方法。

不同采样速度下尘粒的运动状况不同。当采样速度大于采样点的烟气流速时，由于气体分子的惯性小，容易改变方向，而尘粒惯性大，不容易改变方向，所以采样嘴边缘以外的部分气流被抽入采样嘴，而其中的尘粒按原方向前进，不进入采样嘴，从而导致采集的烟尘浓度降低使测量结果偏低；当采样速度小于采样点烟气流速时，情况正好相反，使监测结果偏高；当采样速度等于采样点的烟气流速时，采集烟气的浓度才为实际烟尘浓度。

② 采样的方法　采样的方法，主要有以下几种。

第一，预测流速法。在采样前先测出采样点的烟气温度、压力、含湿量，计算出烟气流速，然后再结合采样嘴直径计算出等速采样条件下各采样点的采样流量。采样时，通过调节流量调节阀按照计算出的流量采样。

第二，平行采样法。该方法是将S形皮托管和采样管固定在一起插入采样点，当与皮托管相连的微压计指示出动压后，利用预先绘制的皮托管动压和等速采样流量关系计算图立即算出等速采样流量，及时调整流速进行采样。该法流量的计算与预测流速法相同。平行采样法与预测流速采样法不同之处在于平行采样法测定流速和采样几乎同时进行，减小了由于烟气流速改变而带来的采样误差。

第三，等速管法（或压力平衡法）。用特制的压力平衡型等速采样管采样。例如，动压平衡型等速采样管是利用装置在采样管上的孔板差压与皮托管指示的采样点烟气动压相平衡来实现等速采样。该方法不需要预先测出烟气流速、状态参数和计算等速采样流量，而通过调节压力即可进行等速采样，不但操作简便，而且能随烟气速度变化随时保持等速采样，采样精度高于预测流速法，但适应性不如预测流速采样法。

③ 采样的装置　采样装置一般均由采样管、捕集器、流量计、抽气泵等部分组成。

常见的采样管有超细玻璃纤维滤筒采样管和刚玉滤筒采样管。它们由采样嘴、滤筒夹、滤筒及连接管组成。采样嘴的形状应以不扰动气口内外气流为原则，为此，其入口角度应呈小于30°的锐角，嘴边缘的壁厚不超过0.2mm，与采样管连接的一端内径应与连接管内径相同。为适应不同采样流量，采样嘴内径通常有6mm、8mm、10mm和12mm等几种。超细玻璃纤维滤筒适用于500℃以下的烟气，对0.5μm以上的尘粒捕集效率在99.9%以上。硅酸铝材质滤筒可承受1000℃高温，其他性能与玻璃纤维滤筒基本相同。刚玉滤筒由氧化铝粉制成，适用于850℃以下的烟气，对0.5μm以上的尘粒捕集率也在99.9%以上。为防止烟气的腐蚀，采样嘴和采样管均为不锈钢材质。

冷凝器和干燥器用于冷凝和吸收烟气中的水蒸气，以保护流量计和抽气泵不受水蒸气及腐蚀性组分的作用，并简化测定结果的计算。

（2）测定烟气组分　烟气组分包括主要气体组分和微量有害气体组分。主要的气体组分包括氮、氧、二氧化碳和水蒸气等。测定这些组分的目的是考察燃料燃烧情况和为烟尘测定提供计算烟气气体常数的数据。有害组分包括一氧化碳、氮氧化物、硫氧化物和硫化氢等。

① 采集烟气样品　由于气态物质分子在烟道内分布比较均匀，所以测烟气组分时不需要多点采样，只要在靠近烟道中心的任何一点都可采集到具有代表性的气样。同时，气体分子质量极小，可不考虑惯性作用，故也不需要等速采样。

若所需气样量较少时，可用适当容量的注射器采样，或者在注射器接口处通过双连球将气样压入塑料袋中。烟气采样装置与大气采样装置基本相同。不同之处是因为烟气温度高、湿度大、烟尘及有害气体浓度大并具有腐蚀性，所以在采样管头部都装有烟尘过滤器（内装滤料），同时采样管多采用不锈钢材料制作。采样管需要加热或保温，以防止由水蒸气冷凝而引起的被测组分损失。

② 测定烟气中的主要组分　测定烟尘（包括气溶胶）中的有害组分时，先用烟尘采样装置将烟尘捕集在滤筒上，再用适当的预处理方法将待测组分浸取出来制备成溶液供测定。例如，铅、铍等烟尘捕集后用酸浸取出来测定；烟气中硫酸雾和铬酸雾的测定，先将其采集在玻璃纤维滤筒上，再用水浸取后测定等。如果测定烟尘和气体中有害组分的总量，应在烟尘采样系统中串接捕集气态组分的吸收瓶，然后将二者合并，进行测定。例如烟气中氟化物总量的测定，将烟尘和吸收液于酸溶液中加热蒸馏分离后测定；用玻璃纤维滤筒和冲击式吸收瓶串联采集气溶胶态和蒸气态沥青烟，用有机溶剂提取后测定。排气中CO、CO_2、O_2等气体成分，可用奥氏气体分析器吸收法或仪器分析法进行测定。

奥氏气体分析器吸收法的基本原理是用不同的吸收液分别对排气的各成分逐一进行吸收，根据吸收前、后排气体积的变化，计算出排气中各待测组分的体积分数。例如，用KOH溶液吸收CO_2；用焦性没食子酸溶液吸收O_2；用氯化亚铜氨溶液吸收CO等。

用仪器分析法可分别测定烟气中的组分，其准确度比奥氏气体吸收法高。例如用红外线气体分析仪或热导式分析仪测定CO_2；用磁氧分析仪或氧化锆氧量分析仪（测高温烟气）测定O_2等。

（八）流动污染源的监测

大气污染的主要流动污染源是汽车，汽车尾气是石油体系燃料在内燃机内燃烧后的产物，含有NO_x、CO、碳氢化合物等有害组分，是大气污染的主要来源。汽车尾气中污染物含量与其行驶状态有关，空转、匀速、加速、减速等行驶状态下尾气中污染物含量均应测定。下面结合我国环境监测技术相关规定的测定项目做一简单介绍。

1. 汽车怠速时的测定

（1）怠速工况　汽车的怠速工况包括下列条件：发动机旋转；离合器处于结合位置；油门踏板与手油门位于松开位置；汽车安装的是机械式或半自动式变速器时，变速杆应位于空挡位置；当安装的是自动变速器时，选择器应在停车或空挡位置；阻风门全开。

（2）测定方法　根据CO和碳氢化合物对红外光有特征吸收的特点，一般采用非色散红外气体分析仪对其进行测定。已有专用分析仪器，如国产 MEXA-324F 型汽车尾气分析仪，可以直接显示测定结果。测定时，先将汽车发动机由怠速加速至中等转速，维持 5s 以上，再降至怠速状态，插入取样管（深度不少于 300mm）测定，读取最大指示值。若为多个排气管应取各排气管测定值的算术平均值。

2. 汽油车尾气中 NO_x 的测定

在汽车尾气排气管处用取样管将废气引出（用采样泵），经冰浴（冷凝除水）并用玻璃棉过滤器除去油尘，用注射器抽取 100mL，然后将抽取的气样经氧化管注入冰醋酸-对氨基苯磺酸-盐酸萘乙二胺吸收显色液，显色后用分光光度法测定，测定方法同大气中 NO_x 的测定。

3. 柴油车尾气烟度的测定

烟度是使一定体积烟气透过一定面积的滤纸后，滤纸被染黑的程度，数值范围为 0~10。柴油车排出的黑烟含有多种颗粒物，其组分复杂，但主要是炭的聚合体，还有少量氧、氢、灰分和多环芳烃化合物等。在测定柴油车尾气烟度时，可借助于滤纸式烟度计和不透光式烟度计。

二、大气水平能见度测定

（一）大气水平能见度的含义

大气能见度是反映大气透明度的一个指标。一般定义为具有正常视力的人在当时的天气条件下还能够看清楚目标轮廓的最大地面水平距离。还有一种定义为目标的最后一些特征已经消失的最小距离。一般来说，对同一种目标，这两种定义确定的能见度大小是有差异的，后者比前者要大一些。能见度是一个对航空、航海、陆上交通以及军事活动等都有重要影响的气象要素。在航空中，一般使用前者定义的能见度。

影响能见度的因子主要有大气透明度、灯光强度和视觉感阈。大气能见度和当时的天气情况密切相关。当出现降雨、雾、霾、沙尘暴等天气过程时，大气透明度较低，因此能见度较差。

（二）大气水平能见度的测定方法

大气水平能见度的测量方法，主要有以下两种。

1. 目测法

气象观测员可以通过自然的或人造的目标物（树林、岩石、城堡、尖塔、教堂、灯光等）对气象光学视程（MOR）进行目测估计。

每一测站应准备一张用于观测的目标物分布图，在其中标明它们相对于观测者的距离和方位。分布图中应包括分别适用于白天观测和夜间观测的各种目标物。观测者必须特别注意 MOR 的显著的方向变化。

观测必须由具有正常视力且受过适当训练的观测员来进行，不能用附加的光学设备（单筒、双筒望远镜，经纬仪等），更要注意不能透过窗户观测，尤其是在夜间观测目标物或发光体时。观测员的眼睛应在地面以上的标准高度（大约 1.5m），不应在控制塔或其他的高层建筑物的上层进行观测。

当能见度在不同方向上变化时，记录或报告的值取决于所做报告的用途。在天气电报中取较低值能见度做报告，而用于航空的报告则应遵循世界气象组织（WMO）的规定。

（1）白天 MOR 的估计　白天观测的能见度目测估计值是 MOR 真值的较好的近似值。

一般应满足以下要求：白天应选择尽可能多的不同方向上的目标物，只选择黑色的或接近黑色的在天空背景下突出于地平面的目标物。浅色的目标物或位置靠近背景地形的目标物应尽量避免。当阳光照射在目标物上时，这一点尤为重要。如果目标物的反射率不超过 25%，在阴天条件下引起的误差不超过 3%，但有阳光照射时则误差要大得多。因此，白色房屋是不合适的，无阳光强烈照射时，深色的树林很合适。如果必须采用地形背景下的目标物，则该目标物应位于背景的前方并远离背景，即至少为其离观测点的距离的一半。例如，树林边上的单棵树就不适用于能见度观测。

为使观测值具有代表性，在观测者眼中目标物的对角不应小于 0.5°。对角小于 0.5°的目标物相比同样环境下的更大一点的物体即使在较短距离下也将会变得不可见。

（2）夜间 MOR 的估计　任何光源都可用作能见度观测的目标物，只要在观测方向上其强度是完全确定的和已知的。然而，通常认为点光源更合乎要求，且其强度在某一特别的方向上并不比在另外的方向上大，同时不能限制在一个过小的立体角中。必须注意确保光源的机械和光学的稳定性。

必须将作为点光源的各个光源与其周围无其他光源和（或）发光区以及发光群区分开来，即使它们之间相互分离。在后一种情况下，其排列会分别影响到作为目标物的每个光源的能见度。在夜间能见度测量中,只能采用呈适当分布的点光源作为目标物。

还应注意到,夜间观测中采用被照亮的目标物,会受到环境照明、目眩的生理效应以及其他光的影响,即使其他光位于视场之外,尤其是隔着窗户进行观测。因此,只有在黑暗的和适当的场地才能得出准确、可靠的观测值。

此外,生理因素的重要性不可忽略,因为它们是观测偏差的主要来源。重要的是只有具有正常视力的合格的观测员才能从事此类观测。另外,必须考虑有一段适应的时间(通常5~15min),在这段时间内使眼睛习惯于黑暗视场。

出于应用目的,夜间对点光源感觉距离和MOR值之间的关系可用两种方式表述:一是对每一个MOR值,通过给定发光强度的光,在恰好可见的距离上与MOR值之间存在着直接对应关系;二是对给定发光强度的光,通过给出对光的感觉距离和MOR值之间的相应的关系表述。因为在不同距离上安装不同强度的光源并不是一件容易的事情,第二种关系要容易些和实际些。

(3) 缺少远距离目标物时MOR的估计　在某些地方(开阔平原、船舶等),或者因水平视线受限制(山谷或环状地形),或者缺乏适合的能见度目标物,除了相对低的能见度之外直接进行估计是不可能的。在这样的情况下,要是没有仪器方法可采用,MOR的值比已有的能见度目标物更远时就必须根据大气的一般透明度来做出估计。这种估计,可以通过注意那些距离最远的醒目的能见度目标物的清晰程度来进行。如果目标物的轮廓和特征清晰,甚至其颜色也几乎并不模糊,就表明这时的MOR值大于能见度目标物和观测员之间的距离。另一方面,如果能见度目标物模糊或难以辨认,则表明存在使MOR减小的霾或其他大气现象。

2. 仪器法

采取一些假设,可使仪器的测量值转化为MOR的值,若有大量合适的能见度目标物可用于直接观测,使用仪器进行白天能见度的测量并非总是有利的。然而,对夜间观测或当没有可用的能见度目标物时或对自动观测系统来说,能见度测量仪器是很有用的。用于测量MOR的仪器可分为两类:一是用于测量水平空气柱的消光系数或透射因数,光的衰减是由沿光束路径上的微粒散射和吸收造成的;二是用于测量小体积空气对光的散射系数,在自然雾中,吸收通常可忽略,散射系数可视作与消光系数相同。

(1) 测量消光系数的仪器

① 光度遥测仪器(遥测光度表)　遥测光度表是按白天测量消光系数而设

计的，它是通过对远距离目标的视亮度和天空背景的比较来测定的。但是，这类仪器通常不用于日常观测，因为正如前面所述，白天最好是直接目测。然而，发现这类仪器对超过最远目标物的 MOR 进行外推是有用的。

② 目测消光表　目测消光表是一种用于夜间观测远距离发光体的非常简单的仪器。它使用标度的中性滤光器按已知比例削弱光线，并能调节使远距离发光体恰好能见。仪器读数给出发光体与观测员之间空气透明度的测量，由此可以计算出消光系数。观测的总的准确度，主要取决于观测员眼睛敏感度的变化以及光源辐射强度的波动，误差随 MOR 成比例增加。

此仪器的优点是，仅需使用合适分布的 3 个发光体，就能以合理的准确度测定 100m 至 5km 距离上的 MOR，但是如果没有这样的仪器，若要达到同等水平的准确度，则需较复杂的一组光源。然而使用此类仪器的方法（决定光源出现或消失的点）相当大地影响测量的准确度和均匀性。

③ 透射表　透射表是通过在发射器和接收器之间测量水平空气柱的平均消光系数的最普通的方法，发射器提供一个经过调制的定常平均功率的光通量源，接收器主要由一个光检测器组成（一般是在一个抛物面镜或透镜的焦点上放置一个光电二极管）。最常使用的光源是卤灯或氙气脉冲放电管。调制光源以防来自太阳光的干扰。透射因数由光检测器输出决定，并据此计算消光系数和 MOR 值。

这是因为，透射表估计 MOR 是根据准直光束的散射和吸收导致光的损失的原理，所以它们与 MOR 的定义紧密相关，一个优良的、维护好的透射表在其最高准确度范围内工作时对 MOR 的真值能给出非常好的近似值。

(2) 测量散射系数的仪器　大气中光的衰减是由散射和吸收引起的。工业区附近出现的污染物，冰晶（冻雾）或尘埃可使吸收项明显增强。然而，在一般情况下，吸收因子可以忽略，而经由水滴反射、折射或衍射产生的散射现象构成降低能见度的因子。故消光系数可认为和散射系数相等。因此，用于测量散射系数的仪器可用于估计 MOR 值。

测量通常通过把一束光汇聚在小体积空气中，以光度测量的方式确定在充分大的立体角和并非临界方向上的散射光线的比例，从而使散射系数的测量可方便地进行。假定已把来自其他来源的干扰完全屏蔽掉或这些光源已受到调制，则这种类型的仪器在白天和夜晚就都能使用。

应注意的是，准确测定要求对从各个角度射出的散射光进行测量和积分，实际的仪器是在一个限定角度内测量散射光并基于在限定积分和全积分之间的高度相关性。

第四节 空气中有害物质监测与空气质量连续自动监测

一、工作场所空气中有害物质的监测

工作场所空气中有害物质监测即职业环境监测,是对工作场所作业者工作环境进行有计划、系统的监测,分析工作环境中有害物质的性质、强度/浓度及其在时间、空间的分布及消长规律。工作场所空气中有害物质监测是职业卫生的重要常规工作,按照《职业病防治法》要求,企业应该根据职业卫生工作规范,定时监测工作场所中有毒有害因素。

工作场所空气中有害物质监测属于职业卫生工作中的评价范畴,要做好这项工作,必须要有预测、识别的基础。可以通过查阅生产工艺过程、检查原料使用清单,参考其他企业类似经验,现场查看及倾听作业者反映,结合化学物的毒性资料,初步确定监测对象。不同的工作场所,有毒有害物质的因素是完全不同的。另外,通过工作场所空气中有害物质监测,既可以评价工作环境的卫生质量,判断是否符合职业卫生标准要求,也可以估计在此工作环境下劳动的作业者的接触水平,为研究接触反应或效应关系提供基础数据。

(一)采集样品

工作场所空气中有害物质(化学物质),大多数来源于工业生成过程中逸出的废气和烟尘,一般以气体、蒸气和雾、烟、尘等不同形态存在,有时则以多种形态同时存在于工作场所空气中。化学物质在空气中以不同形态存在,它们在空气中飘浮、扩散的规律各不相同,需要选用不同的采样方法和采样仪器。合理的工作场所空气中有害物质监测必须考虑采样策略(点的选择、时间的选择、频度等)和采样技术(采样动力、样品收集),根据监测目的、工作场所空气中污染物分布特点及作业者实际接触情况,做相应调整。

1. 采集样品的方式

工作场所空气中有害物质常用的采样方式主要有两种,即个体采样和定点区域采样。

(1)个体采样 个体采样是将样品采集头置于作业者呼吸带内,可以用采样动力或不用采样动力（被动扩散），通常采样仪器直接佩戴在作业者身上。

个体采样系统与作业者一起移动，能较好地反映作业者实际接触水平，但对采样动力要求较高，需要能长时间工作且流量要非常稳定的个体采样仪器。因采样泵流量有限或被动扩散能力限制，个体采样不适合于采集空气中浓度非常低的有害物质（化学物质）。

同一工作场所若有许多工种，每一工种的操作都要监测。作业者即使在一个班组或工种作业，受作业者作业习惯、不同作业点停留时间等影响，不同个体间接触水平差异仍然较大。为了能代表一个班组的作业者的接触水平，同一工种若有许多作业者，应随机地选择部分作业者作为采样对象。

（2）定点区域采样　定点区域采样是将采样仪器固定在工作场所某一区域。定点区域采样常用于评价工作场所空气环境质量。由于采样系统固定，未考虑作业者的流动性，定点区域采样难以反映作业者的真实接触水平。以往经验表明，定点区域采样结果与个体采样结果并不一致，两者之间无明显的联系。但可以应用工时法，记录作业者在每一采样区域的停留时间，可以根据定点区域采样结果估算作业者接触水平。

要根据环境监测的不同目的，调整其采样策略。通常监测点应设在有代表性的作业者接触有害物质地点，尽可能靠近作业者，又不影响作业者的正常操作，监测点上的采集头应设置在作业者工作时的呼吸带，一般情况下距离地面 1.5m。

工作场所按产品的生产工艺流程，凡逸散或存在有害物质的工作地点，至少应设置 1 个采样点。一个有代表性的工作场所内有多台同类生产设备时，1～3 台设置 1 个采样点；4～10 台设置 2 个采样点；10 台以上，至少设置 3 个采样点。一个有代表性的工作场所内，有 2 台以上不同类型的生产设备，逸散同一种有害物质时，采样点应设置在逸散有害物质浓度大的设备附近的工作地点；逸散不同种有害物质时，将采样点设置在逸散待测有害物质设备的工作地点。

定点区域采样 1 次采样时间一般为 15min；采样时间不足 15min 时，可进行 1 次以上的采样，按 15min 时间加权平均浓度计算。

2. 采集样品的内容

依据工作场所空气中有害物质存在形式，可以分为气体、蒸气采集和颗粒物采集两类采集方式。如工作场所空气中两种形式的有害物质同时存在，可以用串联方式，或对采集颗粒物的滤膜进行特别处理，增加其吸附、吸收气体或蒸气中有害物质的功能。在实际工作中，应注意所有采样设备符合国家相关规范要求。此外，在一些特定情况下，可以对工作场所中某一个区域表面的污染程度进行分析，进而评价污染源的污染性质和范围，采取干预措施的效果，估计作业者接触水平。在评价工作场所空气环境质量上，有时这种方法非常实用。

(1) 气体和蒸气的采集　气体和蒸气采集，主要有以下几种方式。

第一，主动采集：通过动力系统，主动收集一定量空气样，富集其中污染物。

第二，被动采集：利用被动采样仪器，通过扩散或渗透，吸附有害物质。

第三，用可与待测物起化学反应的液体吸收，用颜色反映待测物质的量。

第四，用真空袋或真空容器采集，如惰性塑料袋、玻璃瓶、不锈钢桶等。可以用于无须采集许多空气样品的无机气体、非活性气体等。

第五，用直读式检测仪直接检测空气中特定的有害物质。

(2) 空气中颗粒物的采集　通常用滤膜采集工作场所空气中颗粒性物质。在选择时，需要注意滤膜应该可以阻挡待测物质，但又不能影响其采样流量。可以选择不同孔径的滤纸（膜），分别采集不同粒径的颗粒物。国内常用的有纤维状滤膜和筛孔状滤膜，前者有定量滤纸、玻璃纤维滤纸、过氯乙烯滤膜等，后者有微孔滤膜和聚氨酯泡沫塑料。

（二）测定工作场所空气中有害物质

1. 测定总粉尘浓度

可进入整个呼吸道（鼻、咽、喉、胸腔支气管、细支气管和肺泡）的粉尘，便是总粉尘。总粉尘浓度的测定采用滤膜称量法。

分别于采样前和采样后，将滤膜和含尘滤膜置于干燥器内干燥 2h 以上，除静电后，在分析天平上准确称量并记录其质量 m_1 和 m_2，按下式计算总粉尘浓度：

$$C_{总}=\frac{m_2-m_1}{Qt}\times 1000$$

式中　$C_{总}$——空气中总粉尘浓度，mg/m^3；

　　　m_1——采样前的滤膜质量，mg；

　　　m_2——采样后的滤膜质量，mg；

　　　Q——采样流量，L/min；

t——采样时间，min。

2. 测定金属、类金属及其化合物

工作场所空气中常见的金属、类金属及其化合物主要有32类，它们存在的形态主要有单质、氧化物、氢氧化物、无机盐和有机盐类等，其测定分析方法主要有原子吸收光谱法、紫外可见分光光度法、原子荧光光谱法、等离子发射光谱法、电化学分析方法等。

3. 测定非金属及其化合物

工作场所空气中常见的非金属及其化合物主要包括无机含碳化合物、无机含氮化合物、无机含磷化合物、氧化物、硫化物、氟化物、氯化物、碘及其化合物等，其测定分析方法主要有紫外-可见分光光度法、离子色谱法、气相色谱法和离子选择电极分析法等。

4. 测定有机化合物

工作场所空气中有机化合物的监测对象主要包括烷烃类、烯烃类、脂环烃类、芳香烃类、多环芳香烃类、醇类、脂肪族酮类等有机化合物。其测定方法具体详见《工作场所空气有毒物质测定》(GBZ/T 300.59—2017)。

二、空气质量连续自动监测

空气污染是由固定污染源和流动污染源共同排放的污染物经扩散而形成的，污染扩散是排放量（排放浓度）与时间、空间的函数。因此，空气污染的特点是大范围的，受季节、气候、地形、地物等因素的强烈影响，随时间的推移而变化的。为了掌握环境空气污染现状和变化规律，需要对大气环境污染进行长期的、大量的、连续的监测。过去的监测方法中的间歇采样、手工分析的方法已无法满足要求，取而代之的是大气质量自动监测。事实上，就当前来说，对空气污染监测的最有效方法便是建立空气污染自动监测系统。

（一）空气质量连续自动监测系统的建立目的

建立空气质量连续自动监测系统的目的，主要有以下几个。

第一，判断空气质量是否符合国家制定的环境质量标准及了解当前的污染状况。

第二，判断污染源造成的污染影响，确定控制和防治对策，评价防治措施的效果。

第三,对排放量大、危害影响严重的污染源进行控制监测,尤其在扩散不利的季节,防止污染事故的发生。对环保法的执行起着监督作用。

第四,收集空气背景及其趋势数据,由所积累的长期监测数据,结合流行病学调查,为保护人类健康、生态平衡,制订和修改环境标准提供可靠的科学依据。

第五,研究空气扩散的数学模式,判断新污染源对环境空气质量的影响,为相应的主管部门提供决策参考,并为污染危险天气以及空气污染短期、长期预报提供信息资料。

(二)空气质量连续自动监测系统的构成

空气质量连续自动监测系统由一个中心站、若干个子站组成。环境自动监测系统24h连续自动地在线工作,工作内容为获取各种监测数据、数据传输、数据处理。

1. 子站

依据任务的不同,子站可以分为两种:一种是为评价地区整体的大气污染状况设置的,装有大气污染连续自动监测仪(包括校准仪器)、气象参数测量仪和一台环境微机;另一种是为掌握污染源排放污染物浓度等参数变化情况而设置的,装有烟气污染组分监测仪和气象参数测量仪。子站内设有自动采样和预处理系统、环境微机及信息传输系统等(图3-20)。

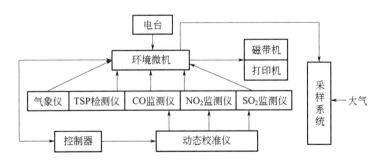

图3-20 子站仪器装备框图

(1)监测子站的布设

① 监测子站的数目 空气质量监测,由于各类污染源的分布互相交错,使污染物的空间、时间分布变得十分复杂。监测子站数目的设置,取决于监测

网覆盖区域面积、人口数量及分布、污染程度、气象条件和地形地貌等，可根据以下几种方法确定：按人口密度确定；按污染物活性不同确定；按环境标准确定；按统计学置信水平确定。一般来说，在城市近郊区建立若干个监测子站，在清洁的远郊区建立一个背景子站。

② 监测子站的位置　监测子站获取的监测数据应能反映一定地区范围空气污染物浓度水平及其波动范围，故监测子站位置的选择应包括以下地区：预期浓度最高的地区；人口密度高的、有代表性污染浓度的地区；重要污染源或污染源类型对环境空气污染水平有冲击影响的地区；背景浓度水平地区。

(2) 监测项目

① 气象参数　温度、湿度、风速、风向、大气压、太阳辐射等。

② 污染物监测项目　SO_2、NO_2、NO、NO_x、CO、O_3、总悬浮微粒（TSP）或可吸入颗粒物（$PM_{2.5}$）、总碳氢化合物、甲烷、非甲烷烃等。

根据各监测子站所处位置不同，所代表的功能区特点不同，选定的监测项目也有所不同。常规必测项目是 SO_2、NO_2、CO、TSP 或可吸入颗粒物、温度、湿度、风速、风向、大气压。

(3) 采样系统　采样系统分集中采样系统和单独采样系统两种。集中采样系统指在每一子站设一总采气管，由抽风机将大气样品吸入，各仪器的采样管均从这一采样管中分别采样，但 TSP 或可吸入颗粒物应单独采样。单独采样系统指各监测仪器分别用采样泵采集空气样品。

(4) 监测仪器　空气质量自动监测系统的主要硬件设备是空气质量连续监测仪器。要求监测仪器必须具备自动连续运转能力强、灵敏、准确、易维修、维修频次低等特性。常用的空气质量连续监测的仪器，主要有以下几种。

① 脉冲荧光法 SO_2 监测仪　该监测仪的监测原理是用脉冲化的紫外光（190～230nm）激发 SO_2 分子，处于激发态的 SO_2 分子返回基态时放出荧光（240～420nm），所放出的荧光强度与 SO_2 的浓度呈线性关系，从而测出 SO_2 的浓度。该监测仪响应快、灵敏度高，且对温度、流量的波动不敏感，稳定性好，作为连续监测仪器较为可靠。

② 化学发光法 NO_x 监测仪　该监测仪的原理是：一氧化氮被臭氧氧化成激发态二氧化氮，当其回到基态二氧化氮时放出光子，其发光强度与二氧化氮的浓度成正比。

当测定样品气中的氮氧化物时，必须先将二氧化氮通过催化剂（金属丝网、活性炭等）还原成一氧化氮，然后再测定。该监测仪采用一氧化氮标准气进行动态校正，不用吸收液，因此可使误差大大减小，在低浓度范围更为准确。同时反应迅速，很易求得瞬时值，且线性好，范围宽，是一种比较理想的测定方法。

③ 气体过滤器红外光谱 CO 监测仪　该监测仪的原理是对非分散红外法的一种改进，采用了气体过滤器的相关技术，基本原理是基于在有其他干扰气体存在下，比较样品气中被测气体红外吸收光谱的精细结构。仪器中装有一个可转动的气体过滤器转轮，此轮一半充入纯 CO，另一半充入纯 N_2。当红外线通过 CO 一侧时，相当于参比光束，采用通过 N_2 一侧时，相当于样品光束，转轮后设有多次反射光程吸收池（池长 40cm，反射 32 次，光程长 12.8m）保证有足够的灵敏度，气体过滤器转轮按一定频率旋转。此时对吸收池来说，从时间上分割为交替的样品光束和参比光束，可以获得一交变信号，而对干扰气体说，样品光束和参比光束是相同的，可相互抵消。该监测仪的灵敏度好，设备简单，由于采用固态检测器，避免了非色散红外法微量电容检测器易受振动的影响，使仪器运行可靠。

④ 紫外光度法 O_3 监测仪　该监测仪的原理是利用 O_3 对紫外光（波长 254nm）的吸收，直接测定紫外光通过 O_3 后减弱的程度，根据吸光度求出 O_3 浓度。该监测仪设备简单，无试剂、气体消耗。

⑤ 氢火焰离子化（FID）气相色谱法及光离子化（PID）检测器非甲烷烃监测仪

第一，氢火焰离子化气相色谱。空气样品先经色谱柱分离成甲烷及非甲烷烃两个峰，用 FID 先测流出的甲烷，再测反吹出的非甲烷烃，反应周期约 5min，仪器有内装的微处理机，用户可自行编制程序来完成分析过程，并可随时进行基线校正、积分值的计值等。气相色谱法的主要问题是精度较差，作为连续监测仪器需要较多的维护。

第二，光离子化检测器。其以高强度的紫外光作为激发源，紫外光照射到被测定的烃类化合物上产生电离，用离子检测器测定电离强度即可求出烃类的浓度。该法的主要问题是所选用的紫外光源只能对 C_1 以上的烃类产生电离，C_1 以下的烃不产生电离。但该法的主要优点是不需色谱柱分离，也不需要氢气源，仪器非常简单。

⑥ 可吸入颗粒物连续监测仪　光散射可吸入颗粒物浓度计的设计原理是使一束平行可见光通过含可吸入颗粒物的大气，由于光线受到粒子的阻挡而发生光散射现象，其散射光强度的变化与可吸入颗粒物的浓度成定量关系。因

此，当仪器用标样标定后，即可直接显示可吸入颗粒物的浓度值。

此外，可吸入颗粒物测定仪器还有β射线可吸入颗粒物测定仪、压电石英晶体可吸入颗粒物测定仪。现在许多监测站采用具有10μm切割机的大容量采样器24h连续取样，经手工分析后再将数据输入计算机存储。

（5）校准系统　校准系统包括校正监测仪器零点、量程的零气源和标准气气源（如标准气发生器、标准钢瓶）、校准流量计等。在环境微机和控制器的控制下，每隔一定时间（如8h或24h）依次将零气和标准气输入各监测仪器进行校准。校准完毕，环境微机给出零值和跨度值报告。

（6）子站数据处理和传送　子站环境微机及时采集大气污染监测仪的测量数据，将其进行处理和存储。各子站的数据收集和监测仪器工作的控制是由一台微机进行的。它每0.1s从各数据通道读一次监测数据，每半秒做1次半秒平均，每秒做1次秒平均。以后，每10s又对秒平均做1次平均，每分钟又对10s平均做平均，然后再做5min平均。所有的5min平均值都保存起来，准备传输给中心。

子站环境微机主要有两种工作方式：一是被动工作方式，二是自主工作方式。当中心站的计算机运行正常时，子站环境微机受控于中心计算机而运行，称为被动工作方式。此时中心站每隔5min向各监测子站自动发出指令，各子站接到指令后，向中心站传送回5min内各监测仪器测得的平均数据。受中心站命令，子站可以重发某时的数据或随时抽检保存在子站的某些数据。当子站设备的运行状态、环境状况出现异常时，如氢焰灭火、站房温度升高等，子站向中心站发回状态信息及报警信号，以便中心站及时掌握调整。当中心站的计算机或通信系统出现故障时，为使数据不丢失，子站微处理机承担起就地控制运行、收集存储数据等功能，待中心站或通信设备正常后，再集中把中心站未收集到的数据传输回去，称为子站自主工作方式。子站微处理机可存储16h每5min数据，无论子站或中心站，通信设备故障不超过16h，数据不会丢失。

2. 中心站

整个系统的心脏部分，便是中心站。它是所有测量数据收集、存储、处理、输出、控制系统和其他科研计算的中心。整个大气污染连续自动监测系统的可靠性和效能，中心站是关键。为了确保数据收集和进行较多的科研计算和管理，采用两台计算机，一台作主机与系统相连，在线运行；一台作辅机进行计算管理。当主机发生故障，辅机可代替运行。

中心站的运行方式为：①由中心站定时向各子站轮流发出询问信号，各子站按一定格式依次发送回数据,对数据进行差错校验及纠正。有疑问时可指令子站重发。具有随机查询子站实时数据并收集子站运行状态的功能。②对数据进行存储、处理、输出。定时收集各子站的监测数据并进行处理,打印各种报表,绘制各种图形;建立数据库,完成各种数据的储存。③对全系统运行实时控制。包括:通信控制;对子站监测仪器操作的控制,如校零、校跨度、控制开关、流量等;对污染源超标排放时的警戒控制。

(三)空气质量指数

描述空气质量状况的无量纲指数,便是空气质量指数(AQI)。AQI 就是各项污染物的空气质量分指数(IAQI)中的最大值,当 AQI 大于 50 时,IAQI 最大的污染物即为首要污染物。若 IAQI 最大的污染物为两项或两项以上时,并列为首要污染物。IAQI 大于 100 的污染物为超标污染物。因此,空气质量指数能够实时报告反映空气质量快速变化的准确性。

空气质量指数是国际上普遍采用的定量评价空气质量好坏的重要指标,但各国统计标准和方法有所不同,对环境的评价结果也存在一定差异。由于受多种因素的影响,我国目前的空气质量指数常常表现出与公众感受及其他环境监测指标不相一致的现象。针对于此,结合我国城市发展和环境监测技术的实际情况,我国提出了优化设置空气质量监测点、提高空气污染物浓度标准、增加空气质量统计指标和改进空气质量指数方法等建议,以进一步提高空气质量指数指示环境的准确性。

第四章

固体废物与土壤环境监测

随着生产的发展和人类生活水平的提高,固体废物排放量日渐增多,固体废物的污染问题也已经成为环境保护的问题之一。与此同时,由于一些地方所进行的不合理生产、生活活动,土壤污染日益严重,深刻影响到人们的生活和健康。因此,做好固体废物与土壤环境监测是十分重要的。

第一节 固体废物样品采集

一、固体废弃物的基本认知

(一)固体废物的含义

所谓固体废物,就是在生产建设、日常生活和其他活动中产生,在一定时间和地点无法利用而被丢弃的污染环境的固态、半固态物质。这里所说的生产建设,不是指某个具体建设项目的建设,而是指国民经济生产建设活动;日常生活是指人们居家过日子,吃穿住行等活动及为日常生活提供服务的活动;其他活动主要指商业活动及医院、科研单位、大专院校等非生产性的,又不属于日常生活活动范畴的活动。

固体废物是相对某一过程或一方面没有使用价值,具有相对性特点;另外固体废物概念具有时间性和空间性,一种过程的废物随着时空条件的变化,往往可以成为另一过程的原料,所以固体废物又有"放在错误地点的原料"之称。

(二)固体废物的来源

固体废物来源大体上可分为两类,具体如下。

第一,生产过程中所产生的废物,称为生产废物。

第二,在产品进入市场后,在流动过程中或使用消费后产生的废物,称为生活废物。

(三)固体废物的分类

第一,按固体废物的化学组成,可以分为有机废物和无机废物。

第二,按固体废物的危害性,可分为一般固体废物和危险性固体废物。

第三,按固体废物的来源的不同,可分为矿业固体废物、工业固体废物、城市生活垃圾、农业固体废物和放射性固体废物五类。

(四)固体废物的环境危害

固体废物是各种污染物的终态,特别是从污染控制设施排放出来的固体废物,浓集了许多污染成分,同时这些污染成分在条件变化时又可重新释放出来而进入大气、水体、土壤等,因而其危害具有潜在性和长期性。固体废物对人类环境的危害主要表现在以下几个方面。

第一,侵占土地。固体废物不加利用时,需占地堆放。堆积量越大,占地也越多。

第二,污染土壤。固体废物自然堆放,其中有毒、有害成分在雨水淋溶作用下,直接进入土壤。这些有毒、有害成分在土壤中长期累积而造成土壤污染,破坏土壤生态平衡,使土壤毒化、酸化、碱化,给人类和动植物带来危害。

第三,污染水体。固体废物随天然降水和地表径流进入江河湖泊,或随风飘迁落入水体使地面水污染;随渗沥水进入土壤而使地下水污染;直接排入河流、湖泊或海洋,又会造成更大的水体污染。

第四,污染空气。固体废物一般通过如下途径污染空气:一些有机固体废物在适宜的温度和湿度下被微生物分解,释放有毒气体;以细粒状存在的废渣和垃圾,在大风吹动下会随风飘逸,扩散到空气中;固体废物在运输和处理过程中，产生有害气体和粉尘。

第五，影响环境卫生。工业废渣、生活垃圾在城市堆放，既有碍观瞻，又容易传染疾病。

二、固体废弃物样品的采集

由于固体废物量大、种类繁多且混合不均匀，因此与水及大气试验分析相比，从固体废物这样不均匀的批量中采集有代表性的试样比较困难。为使采集的固体废物样品具有代表性，在采集之前要研究生产工艺、废物类型、排放数量、堆积历史、危害程度和综合利用情况。如采集有害废物，则应根据其有害特征采取相应的安全措施。具体来说，在进行固体废弃物样品的采集时，需要做好以下几项工作。

（一）设计采样方案

在固体废物采样前，应首先进行采样方案（采样计划）设计。方案的内容包括采样目的和要求、背景调查和现场踏勘、采样程序、安全措施、质量控制、采样记录和报告等。

1. 采样目的和要求

采样的基本目的是从一批工业固体废物中采集具有代表性的样品，通过试验和分析，获得在允许误差范围内的数据。在设计采样方案时，应首先明确以下具体目的和要求：特性鉴别和分类；环境污染监测；综合利用或处置；污染环境事故调查分析和应急监测；科学研究；环境影响评价；法律调查、法律责任、仲裁等。

2. 背景调查和现场踏勘

采样的目的明确后，要调查以下影响采样方案制定的因素，并进行现场踏勘：工业固体废物的产生（处置）单位、产生时间、产生形式（间断或连续）、储存（处置）方式；废物种类、形态、数量、特性（含物性和化性）；废物试验及分析允许的误差和要求；废物污染环境、监测分析的历史资料；废物产生或堆存或处置或综合利用现场踏勘，了解现场及周围环境。

3. 采样程序

采样程序，采样按以下步骤进行。

第一，确定废物批量。

第二，选派采样人员。

第三，明确采样目的和要求。

第四，进行背景调查和现场踏勘。

第五，确定采样方法。

第六，确定份样数和份样量。

第七，确定采样点。

第八，选择采样工具。

第九，制定安全措施。

第十，制定质量控制措施、采样、组成小样（或大样）。

4. 采样记录和报告

采样时应记录工业固体废物的名称、来源、数量、性状、包括、储存、处置、环境、编号、份样量、份样数、采样点、采样方法、采样日期和采样人等。必要时，根据记录填写采样报告。

（二）明确采样技术

1. 采样法

（1）简单随机采样法　对于一批废物，若对其了解很少，且采取的份样比较分散也不影响分析结果时，对这一批废物可不做任何处理，不进行分类也不进行排队，而是按照其原来的状况从批废物中随机采取份样。

① 抽签法　先对所有采份样的部位进行编号，同时把号码写在纸片上（纸片上号码代表采份样的部位），掺和均匀后，从中随机抽取纸片，抽中号码的部位，就是采样的部位，此法只宜在采份样的点不多时使用。

② 随机数字法　先对所有采份样的部位进行编号，有多少部位就编多少号，最大编号是几位数，就要用随机数表的几栏（或几行），并把几栏（或几行）合在一起使用，从随机数字表的任意一栏、任意一行数字开始数，碰到小于或等于最大编号的数码就记下来（碰上已抽过的数就不要它），直到抽够份数为止。抽到的号码就是采样的部位。

（2）系统采样法　一批按一定顺序排列的废物，按照规定的采样间隔，每隔一个间隔采取一个份样，组成小样或大样。在一批废物以运送带、管道等形式连续排出的移动过程中，采样间隔可根据表 4-1 规定的份样数和实际批量按下式计算：

$$T \leqslant Q/n$$

式中，T 为采样质量间隔；Q 为批量；n 为规定的采样单元数。

表 4-1 批量大小与最小份样数

批量大小	最小份样数/个	批量大小	最小份样数/个
<1	5	100~500	30
1~5	10	500~1000	40
5~30	15	1000~5000	50
30~50	20	5000~10000	60
50~100	25	≥10000	70

注：表中批量单位固体为 t，液体为×1000L。

在运用系统采样法时，应特别注意以下几个方面。

第一，采第一个试样时，不能在第一间隔的起点开始，可在第一间隔内随机确定。

第二，在运送带上或落口处采样，应截取废物流的全截面。

2. 份样数和份样量

份样指用采样器一次操作从一批的一个点或一个部位按规定质量所采取的工业固体废物。份样数指从一批工业固体废物中所采取份样个数。份样量指构成一个份样的工业固体废物的质量。一般来说，样品量多一些，才有代表性。因此，份样量不能少于某一限度；但份样量达到一定限度之后，再增加重量也不能显著提高采样的准确度。份样量取决于废物的粒度上限，废物的粒度越大，均匀性越差，份样量就越多，它大致与废物的最大粒度直径某次方成正比，与废物不均匀性程度成正比。

份样数的多少取决于两个因素。一是物料的均匀程度：物料越不均匀，份样数应越多；二是采样的准确度：采样的准确度要求越高，份样数应越多。最小份样数可以根据物料批量的大小进行估计。

（三）设置采样点

在设置采样点时，要注意以下几个方面。

第一，对于堆存、运输中的工业固体废物和大池（坑、塘）中的工业固体废物，可按对角线形、梅花形、棋盘形、蛇形等点分布确定采样点。

第二，对于粉尘状、小颗粒的工业固体废物，可按垂直方向、一定深度的部位确定采样点。

第三，对于容器内的工业固体废物，可按上部（表面下相当于总体积的

1/6 深处)、中部（表面下相当于总体积的 1/2 深处)、下部（表面下相当于总体积的 5/6 深处）确定采样点。

第四，在运输一批固体废物时，当车数不多于该批废物规定的份样数时，每车应采份样数按下式计算：

每车应采份样数（小数应进为整数）＝规定的份样数/车数

当车数多于规定的份样数时，按如表 4-2 所示选出所需最少的采样车数，然后从所选车中各随机采集一个份样。

表 4-2　所需最少采样车数　　　　　　　单位：辆（个）

车数(容器)	所需最少采样车数(容器)
＜10	5
10～25	10
25～50	20
50～100	30
＞100	50

在车中，采样点应均匀分布在车厢的对角线上（图 4-1），端点距车角应大于 0.5m，表层去掉 30cm。

图 4-1　车厢中的采样布点的位置

（四）制备固体废物样品

采集的原始固废样品，往往数量很大，颗粒大小悬殊、组成不均匀，无法进行实验分析。因此在进行实验室分析之前，需对原始固体试样进行加工处理，称为样品的制备。制样的目的是从采取的小样或大样中获取最佳量、最具代表性、能满足试验或分析要求的样品。

1. 准备制样工具

颚式破碎机、圆盘粉碎机、玛瑙研磨机、药碾、玛瑙研钵或玻璃研钵、钢锤、标准套筛、十字分样板、分样铲及挡板、分样器、干燥箱、机械缩分器、盛样容器等。

2. 粉碎

经破碎和研磨以减小样品的粒度。粉碎可用机械或人工完成。将干燥后的样品根据其硬度和粒径的大小，采用适宜的粉碎机械，分段粉碎至所要求的粒度。

3. 筛分

根据粉碎阶段排料的最大粒径选择相应的筛号，分阶段筛出一定粒度范围的样品。筛上部分应全部返回粉碎工序重新粉碎，不得随意丢弃。

4. 混合

用机械设备或人工转堆法，使过筛的一定粒度范围内的样品充分混合，以达到均匀分布。

5. 缩分

将样品缩分，以减少样品的质量。根据制样粒度，使用缩分公式求出保证样品具有代表性前提下应保留的最小质量。采用圆锥四分法进行缩分，即将样品置于洁净、平整板面（聚乙烯板、木板等）上，堆成圆锥形，将圆锥尖顶压平，用十字分样板自上压下，分成四等分，保留任意对角的两等分，重复上述操作至达到所需分析试样的最小质量。

第二节　固体废物有害物质监测

一、pH 值的测定

（1）测定方法。玻璃电极电位法。

（2）基本原理。同水和废水监测中 pH 值测定原理。

（3）仪器设备和药品。pH-25 型酸度计及配套电极，往复式水平振荡器，固体废物试样，标准缓冲溶液，蒸馏水。

（4）测定步骤。用与待测试样 pH 值相近的标准缓冲溶液校正酸度计，并加以温度补偿。对于含水量高几乎是液体的污泥，可直接将电极插入进行测定,但测定数值至少要保持恒定 30s 后读数;对黏稠试样可以离心后或过滤后,测其液体的 pH 值;对于粉、粒、块状试样,称取 50g 干试样置入 1L 塑料瓶中,加入新鲜蒸馏水 250mL,使固液比为 1∶5,加盖密封后,放在振荡器上于室温下连续振荡 30min,静置 30min,测上层清液的 pH 值。每种试样取两个平行样品测定其 pH 值,差值不得大于 0.15,否则应再取 1～2 个样品重复进行测定。结果用测得 pH 范围表示。

二、总汞的测定

(一)测定方法

采用冷原子吸收分光光度法(HJ 597—2011)。冷原子吸收分光光度法是测定汞的特异方法,其干扰少,取样量少,操作简便、快速,灵敏度高,被广泛应用于固体废物中总汞的测定。

(二)基本原理

汞蒸气对波长为 253.7nm 的紫外光具有选择性吸收,在一定浓度范围内。吸光度与被测试液中汞的浓度成正比。根据这种关系可定量测得固体废物中总汞元素的含量。试样经酸性高锰酸钾溶液(或其他方法)消化处理,转化为二价汞离子。用盐酸羟胺溶液还原剩余的高锰酸钾,将处理后的样品置于测汞仪的翻泡瓶(反应瓶)中,经氯化亚锡溶液将二价汞还原为单质汞,用载气或振荡使之挥发,并把挥发的汞蒸气带入测汞仪的吸收池中,测定吸光度。

(三)仪器设备和试剂

仪器:冷原子吸收泵分析仪,玻璃翻泡瓶,电热板或电炉,恒温水浴锅,样品瓶。

试剂:50g/L 高锰酸钾溶液,硝酸和重铬酸钾混合溶液,100g/L 盐酸羟胺溶液,100g/L 氯化亚锡溶液,汞标准储备溶液,汞标准中间操作液,汞标准操作液等。

(四)测定步骤

1. 仪器使用前检查准备

连接测汞仪的气路系统,使钢瓶氮气经过净化管、汞蒸气发生瓶和干燥管进入仪器,检查气路系统是否漏气。将测汞仪调至最佳测试条件,载气流量控制在1L/min。待仪器稳定后，转动三通活塞，使空气经干燥管进入仪器，准备以下标准溶液和土壤试液的测定。

2. 制备固体废物试液

准确称取1.0000～5.0000g固体废物置于150mL锥形瓶中，分别加入40mL去离子水、10mL（1+1）H_2SO_4、20mL 50g/L $KMnO_4$，充分摇匀，锥形瓶上插一小漏斗置于90℃水浴上消解2h。消解过程中，每隔5min左右充分摇动锥形瓶一次，使消化液和试样充分作用，维持红色不褪。如高锰酸钾紫红色褪去，可补加高锰酸钾5～10mL。消解完后取下冷至室温，滴加100g/L盐酸羟胺溶液，边滴边摇，至紫红色和棕色褪尽。将锥形瓶里的溶液转入100mL容量瓶中，用去离子水洗涤锥形瓶2～3次，每次洗液均并入容量瓶内，用去离子水稀释至标线，摇匀。以备分析测定。

3. 绘制标准曲线

分别吸取汞标准操作液0.00mL、1.00mL、3.00mL、4.00mL、5.00mL、7.00mL、10.00mL于7个汞蒸气发生瓶中，以0.5mol/L硫酸溶液稀释至10mL（或25mL），加入4mL 100g/L氯化亚锡溶液，迅速塞紧瓶盖，立即转动两个三通活塞，使氮气经汞蒸气发生瓶将汞蒸气吹入仪器中，待指针达最高点时记录表头指示的吸光度值。其测定次序按浓度从小到大进行。以经过空白校正后的各汞标准溶液的吸光度值为纵坐标，相应汞的含量为横坐标，绘制出标准曲线。

4. 测定固体废物试液

吸取摇匀后的试样消化液10.00mL或25mL（视汞含量而定）于汞蒸气发生瓶中，加入4mL 100g/L氯化亚锡溶液，迅速塞紧瓶盖，立即转动两个三通活塞使氮气经汞蒸气发生瓶将汞蒸气吹入仪器，记录表头指示的最大吸光度值，扣除空白值，从标准曲线上查得固体废物试液中汞的含量。

（五）注意事项

第一，玻璃对汞有吸附作用，因此发生瓶、容量瓶等玻璃器皿每次用后都需用（1+3）硝酸溶液浸泡，洗净后备用。

第二，因为汞蒸气的发生受到载气流量、温度、溶液的酸度和体积等因素影响，所以必须注意土样试液的测定与标准溶液测定条件的一致性。

第三，消化过程中如发现红色消失，则应补加少量高锰酸钾溶液。对有机质含量多的固体废物，可先加 5mL 浓硝酸，于水浴上预消化 1h，然后再按所述步骤消化。

第四，盐酸羟胺还原高锰酸钾时产生氯气，必须充分摇匀，静置数分钟使氯气逸出。

第五，测汞仪的气路采用聚乙烯管或聚四氟乙烯管连接。乳胶管吸附汞，使测定结果偏低，故不得采用。

第六，氯化钙潮解出现液滴，对汞的测定有影响，使结果偏低，应勤换氯化钙干燥管。也可用干燥脱脂棉作干燥剂。硅胶对汞有吸附作用，不能采用。

第七，测定后的汞蒸气尾气应采用试剂吸收（如活性炭或酸性高锰酸钾溶液），以免污染环境。

三、氰化物的测定

（一）测定方法

异烟酸-吡唑啉酮分光光度法。

（二）基本原理

在 pH 为 6.8~7.5 近中性的混合磷酸盐缓冲液条件下，氰化物被氯胺 T 氧化成氯化氰，氯化氰与异烟酸作用，并经水解后生成戊烯二醛，此化合物再与吡唑啉酮缩合生成稳定的蓝色化合物。在一定浓度范围内，该化合物的颜色强度（色度）与氰化物的浓度成线性关系，利用标准曲线法即可求得固体废物中氰化物的含量。

（三）仪器设备和药品

仪器设备：分光光度计，具 1cm 比色皿；全玻璃蒸馏瓶及冷凝装置；25mL 具塞比色管；50mL 容量瓶。

药品：浓磷酸，磷酸盐缓冲液，异烟酸-吡唑啉酮溶液，试银灵指示剂，氰化钾标准储备液等。

（四）测定步骤

第一，制备固体废物试液。准确称取 1.0000~10.0000g 固体废物于 250mL 蒸馏烧瓶中，加 100mL 去离子水、1mL 100g/L $Zn(Ac)_2$ 溶液、10mL 150g/L 酒石酸溶液，立即连接好仪器进行蒸馏，馏出液收集于盛有 5mL 20g/L NaOH 溶液的 50mL 容量瓶中，当馏出液收集约 50mL 时，停止蒸馏，用去离子水稀释至标线，摇匀。

第二，绘制标准曲线。取 25mL 具塞比色管 6 支，分别加入氰化钾标准溶液 0.00、1.00mL、2.0mL、3.00mL、4.00mL、5.00mL，用去离子水稀释至 10mL，加酚酞 1 滴，用 0.1mol/L 醋酸调至酚酞褪色后，加 5mL 磷酸盐缓冲溶液，摇匀后迅速加入 0.2mL 10g/L 氯胺 T 溶液，立即盖好塞子摇匀，在 15～25℃下放置 3～5min；测定时向各比色管中加入异烟酸-吡唑啉酮混合液 5mL，混匀后用去离子水稀释至刻度并摇匀，在 25～35℃水浴中放置 40min 后，在波长 638nm 处，以试剂空白为参比，用 1cm 比色皿测定吸光度，然后以标准氰化物的质量浓度为横坐标，吸光度为纵坐标绘制标准曲线。

第三，测定固体废物馏出液。吸取 1～10mL 固体废物馏出液于 25mL 具塞比色管中，用去离子水稀释至 10mL，加酚酞 1 滴，用 0.1mol/L 醋酸调至酚酞褪色后，向比色管中加入 5mL 磷酸盐缓冲溶液，摇匀后迅速加入 0.2mL 10g/L 氯胺 T 溶液，立即盖塞摇匀，在 15～25℃下放置 3～5min，然后再加 5mL 异烟酸-吡唑啉酮混合液，用去离子水稀释至刻度并摇匀，在 25～35℃水浴中放置 40min，用 10mm 比色皿于波长 638nm 处测其吸光度，根据吸光度从标准曲线上查出固体废物试液中氰化物的含量。

（五）注意事项

第一，溶液 pH 值要严格控制在 6.8～7.5 范围内，超出此范围时对测定结果有明显影响。

第二，实验用水必须不含氰化物和游离氯。

第三，氰化物酸化后形成的 HCN 极毒且易挥发，测定时应带防毒口罩，在通风橱中进行，且操作迅速。

第四，氰化物标准操作液不稳定，应现用现配，同样氰化物也属于剧毒物，操作氰化物及其溶液时要特别小心，避免沾污皮肤和眼睛。

第五，氯胺 T 溶液出现浑浊时不能使用，应重新配制。

第六，称量银丝前先用硝酸洗去表面氧化层，再用水洗净，最后加入少量无水乙醇，使其挥发带走残余水分后再称量。

四、急性毒性的初筛试验

有害废物中往往含有多种有害成分，组成成分分析难度较大。急性毒性的初筛试验可以简便地鉴别并表达其综合急性毒性，方法如下。

以体重18～24g的小白鼠（或200～300g大白鼠）作为实验动物，若是外购鼠，必须在本单位饲养条件下饲养7～10天，仍活泼健康者方可使用。实验前8～12h和观察期间禁食。

称取制备好的样品100g，置于500mL具磨口玻璃塞的锥形瓶中，加入100mL（pH为5.8～6.3）水（固液体积比为1+1），振摇3min，于室温下静止浸泡24h，用中速定量滤纸过滤，滤液留待灌胃用。

灌胃采用1mL或5mL注射器，注射针采用9（或12）号，去针头，磨光，弯曲成新月形。对10只小白鼠（或大白鼠）进行一次性灌胃，每只灌浸取液0.50（或4.40）mL，灌胃时用左手捉住小白鼠，尽量使之成垂直体位，右手持已吸取浸出液的注射器，对准小白鼠口腔正中，推动注射器使浸出液徐徐流入小白鼠的胃内。对灌胃后的小白鼠（或大白鼠）进行中毒症状观察，记录48h内动物死亡数，确定固体废物的综合急性毒性。

第三节 土壤环境质量监测方案

土壤是指陆地地表具有肥力并能生长植物的疏松表层。它介于大气圈、岩石圈、水圈和生物圈之间，是环境中特有的组成部分。土壤是人类环境的重要组成部分，它同人类的生产、生活有密切的联系。人类的活动造成了土壤的污染，污染的结果又影响到人类的健康。由于污染物可以在大气、水体、土壤各部分进行迁移转化运动，所以不论哪一部分受到污染都必然影响到整个环境。因此，土壤环境质量监测是环境监测不可缺少的重要内容。基于此，必须重视土壤环境质量监测方案。而在具体制定这一方案时，可从以下几方面着手。

一、确定监测目的

第一，土壤质量现状监测。监测土壤质量目的是判断土壤是否被污染及污染状况，并预测其发展变化趋势。

第二，土壤污染事故监测。污染物对土壤造成污染，或者使土壤结构与性质发生了明显变化，或者对作物造成了伤害，因此需要调查分析主要污染物，确定污染的来源、范围和程度，为行政主管部门采取对策提供科学依据。

第三，污染物土地处理的动态监测。在土地利用和处理过程中，许多无机和有机污染物质被带入土壤，其中有的污染物质残留在土壤中，并不断地积累，需要对其进行定点长期动态监测。既能充分利用土地的净化能力，又能防止土壤污染，保护土壤生态环境。

第四，土壤背景值调查。通过分析测定土壤中某些元素的含量，确定这些元素的背景值水平和变化情况，了解元素的丰缺和供应状况，为保护土壤生态环境、合理施用微量元素及地方病因的探讨与防治提供依据。

第五，土壤环境科学研究。通过土壤相关指标的测定，为污染土壤环境修复、污水土地处理等科研工作提供基础数据。

二、调研收集资料

土壤污染源调查一般包括工业污染源、生活污染源、农业污染源和交通污染源。

（一）工业污染源调查

工业污染源调查的内容主要包括企业概况，工艺调查，能源、水源、原辅材料情况，生产布局调查，污染物治理调查，污染物排放情况调查，污染危害调查，发展规划调查等几个方面。

（二）生活污染源调查

生活污染源主要指住宅、学校、医院、商业及其他公共设施，它排放的主要污染物包括污水、粪便、垃圾、污泥、废气等。生活污染源调查的内容主要包括城市居民人口调查、城市居民用水和排水调查、民用燃料调查、城市垃圾及处置方法调查等。

（三）农业污染源调查

农业常常是环境污染的主要受害者，同时，由于农业活动中施用农药、化肥，如果使用不合理也会产生环境污染。农业污染源调查一般包括农药使用情况调查、化肥使用情况调查、农业废弃物调查、农业机械使用情况调查等。

（四）交通污染源调查

交通污染源主要是指公路、铁路等运输工具。其造成土壤污染的原因有：运输有毒有害物质的泄漏、汽油柴油等燃料燃烧时排出的废气。其一般调查运输工具的种类、数量、用油量、排气量、燃油构成、排放浓度等。

（五）自然环境和社会环境背景调查

在进行一个地区的污染源调查或某一单项污染源调查时，都应同时进行自然环境背景调查和社会环境背景调查。其中，自然环境方面的资料包括：土壤类型、植被、区域土壤元素背景值、土地利用、水土流失、自然灾害、水系、地下水、地质、地形地貌、气象等，以及相应的图件（如土壤类型图、地质图、植被图等）。社会环境方面的资料包括：工农业生产布局、工业污染源种类及分布、污染物种类及排放途径和排放量、农药和化肥使用状况、污水灌溉及污泥施用状况、人口分布、地方病等及相应图件（如污染源分布图、行政区划图等）。

三、确定监测项目

环境是个整体，无论污染物进入哪一个部分都会造成对整个环境的影响。因此，土壤监测必须与大气、水体和生物监测相结合才能全面客观地反映实际。确定土壤中优先监测物的依据是国际学术联合会环境问题科学委员会提出的《世界环境监测系统》草案，该草案规定：空气、水源、土壤以及生物界中的物质都应与人群健康联系起来。土壤中优先监测物有以下两类。

第一类：汞、铅、镉、DDT及其代谢产物与分解产物，多氯联苯。

第二类：石油产品，DDT以外的长效性有机氯、四氯化碳、醋酸衍生物、氯化脂肪族、砷、锌、硒、铬、镍、锰、钒，有机磷化合物及其他物质（抗生素、激素、致畸性物质和诱变物质）等。

我国土壤常规监测项目如下。

金属化合物：镉（Cd）、铬（Cr）、铜（Cu）、汞（Hg）、铅（Pb）、锌（Zn）。

非金属化合物：砷（As）、氰化物、氟化物、硫化物等。

有机化合物：苯并[a]芘、三氯乙醛、总石油烃、挥发酚、DDT、六六六等。

四、合理布置采样点

土壤是固、液、气三相的混合物，主体是固体，污染物质进入土壤后不易混合，所以样品往往有很大的局限性。在一般的土壤监测中，采样误差对结果的影响往往大于分析误差。所以，在进行土壤样品采集时，要格外注意样品的合理代表性，最好能在采样前通过一定的调查研究，选择出一定量的采样单元，合理布设采样点。

（一）布点原则

在进行土壤环境质量监测时，采样点的布置需要遵守以下几个原则。

第一，不同土壤类型都要布点。

第二，污染较重的地区布点要密些，常根据土壤污染发生原因来考虑布点多少。

第三，对大气污染物引起的土壤污染，采样点布设应以污染源为中心，并根据当地风向、风速及污染强度等因素来确定；由城市污水或被污染的河水灌溉农田引起的土壤污染，采样点应根据水流的路径和距离来考虑；如果是由化肥、农药引起的土壤污染，它的特点是分布比较均匀、广泛。

第四，要在非污染区的同类土壤中布设一个或几个对照采样点。

总之，采样点的布设既应尽量照顾到土壤的全面情况，又要视污染情况和监测目的而定，尽可能做到与土壤生长作物监测同步进行布点、采样、监测，以利于对比和分析。

（二）布点方法

采样地点的选择应具有代表性。因为土壤本身在空间分布上具有一定的不均匀性，故应多点采样、均匀混合，以使所采样品具有代表性。采样地如面积不大，在2~3亩以内，可在不同方位选择5~10个有代表性的采样点。如果面积较大，采样点可酌情增加。采样点的布设应尽量照顾土壤的全面情况，不可太集中。下面介绍几种常用采样布点方法。

1. 对角线布点法

该法适用于面积小、地势平坦的受污水灌溉的田块。布点方法是由田块进水口向对角线引一条斜线，将此对角线三等分，等分点作为采样点。但考虑地形等其他情况，也可适当增加采样点。

2. 梅花形布点法

该法适用于面积较小、地势平坦、土壤较均匀的田块，中心点设在两对角线相交处，一般设5~10个采样点。

3. 棋盘式布点法

该法适用于中等面积、地势平坦、地形开阔、但土壤较不均匀的田块，一般设 10 个以上采样点。此法也适用于受固体废物污染的土壤,因为固体废物分布不均匀,应设 20 个以上采样点。

4. 蛇形布点法

该法适用于面积较大、地势不很平坦、土壤不够均匀的田块。布设采样点数目较多。

五、采集与制备样品

Fe^{2+}、S^{2-}、挥发酚等易变成分需用鲜样,样品采集后直接用于分析。大多数成分测定需要用风干或烘干样品,干燥后的样品容易混合均匀,分析结果的重复性、准确性都比较好。

六、分析测试土壤样品

土壤中污染物质种类繁多,不同污染物在不同土壤中的样品处理方法及测定方法各异。同时要根据不同监测要求和监测目的,选定样品处理方法。

仲裁监测必须选定 GB 15618—2018 中选配的分析方法规定的样品处理方法,其他类型的监测优先使用国家土壤测定标准,如果是 GB 15618-2018 中没有的项目或国家土壤测定方法标准暂缺项目则可使用等效测定方法中的样品处理方法。

七、数据处理

土壤中污染项目的测定,属痕量分析和超痕量分析,尤其是土壤环境的特殊性,所以更须注意监测结果的准确性。

土壤分析结果以 mg/kg(烘干土)表示。平行样的测定结果用平均数表示,一组测定数据用 Dixon 法、Grubbs 法检验剔除离群值后以平均值报出;低于分析方法检出限的测定结果以"未检出"报出,参加统计时按二分之一最低检出限计算。

土壤样品测定一般保留三位有效数字,含量较低的镉和汞保留两位有效数字,并注明检出限数值。分析结果的精密度数据,一般只取一位有效数字,当测定数据很多时,可取两位有效数字。表示分析结果的有效数字的位数不可超过方法检出限的最低位数。

第四节　土壤样品采集与金属污染物的测定

一、土壤样品的采集

土壤样品的采集是土壤分析工作的一个重要环节，采集有代表性的样品，是测定结果能如实反映土壤环境状况的先决条件。

（一）土壤样品采集的步骤

1. 收集基础资料

为了使采集的样品具有代表性，首先必须对监测的地区进行调查，收集以下基础资料。

（1）监测区域的交通图、土壤图、地质图、大比例尺地形图等资料，供制作采样工作图和标注采样点位用。

（2）监测区域土类、成土母质等土壤信息资料。

（3）土壤历史资料。

（4）监测区域工农业生产及排污、污灌、化肥农药施用情况资料。

（5）收集监测区域气候资料（温度、降水量和蒸发量）、水文资料。

2. 布设采样点

大气污染型土壤监测单元和固体废物堆污染型土壤监测单元以污染源为中心放射状布点，在主导风向和地表水的径流方向适当增加采样点；灌溉水污染监测单元、农用固体废物污染型土壤监测单元和农用化学物质污染型土壤监测单元采用均匀布点；灌溉水污染监测单元采用按水流方向带状布点，采样点自纳污口起逐渐由密变疏；综合污染型土壤监测单元布点采用综合放射状、均匀、带状布点法。由于土壤本身在空间分布上具有一定的不均匀性，所以应多点采样并均匀混合成为具有代表性的土壤样品；根据采样现场的实际情况选择合适的布点方法。

3. 准备采样器具

（1）工具类　铁锹、铁铲、圆状取土钻、螺旋取土钻、竹片以及适合特殊采样要求的工具等。

(2) 器材类　罗盘、相机、卷尺、铝盒、样品袋、样品箱等。

(3) 文具类　样品标签、采样记录表、铅笔、资料夹等。

(4) 安全防护用品　工作服、工作鞋、安全帽、药品箱等。

(5) 采样用车辆。

4. 确定采样频率

监测项目分常规项目、特定项目和选测项目。常规项目是指 GB 15618—2018 中所要求控制的污染物。特定项目是指 GB 15618—2018 中未要求控制的污染物。根据当地环境污染状况，确认在土壤中积累较多、对环境危害较大、影响范围广、毒性较强的污染物，或者污染事故对土壤环境造成严重不良影响的物质，具体项目由各地自行确定。选测项目一般包括新纳入的在土壤中积累较少的污染物，由于环境污染导致土壤性状发生改变的土壤性状指标以及生态环境指标等。

土壤监测项目中，常规项目可按实际情况适当降低监测频次，但不可低于 5 年一次，选测项目可按当地实际情况适当提高监测频次。

5. 确定采样类型及采样深度

(1) 土壤样品的类型

① 混合样　一般了解土壤污染状况时采集混合样品。将一个采样单元内各采样分点采集的土样混合均匀制成。对种植一般农作物的耕地，只需采集 0～20cm 耕作层土壤；对于种植果林类农作物的耕地，应采集 0～60cm 耕作层土壤。

② 剖面样品　特定的调查研究监测需了解污染物在土壤中的垂直分布时，需采集剖面样品，按土壤剖面层次分层采样。

(2) 采样深度　采样深度视监测目的而定。一般监测采集表层土，采样深度为 0～20cm。如果需了解土壤污染深度，则应按土壤剖面层次分层采样。土壤剖面是指地面向下的垂直土体的切面。典型的自然土壤剖面分为 A 层（表层、淋溶层）、B 层（亚层、淀积层）、C 层（风化母岩、母质）和 D 层（底岩层）。地下水位较高时，剖面挖至地下水出露时为止；山地丘陵土层较薄时，剖面挖至风化层。

采样土壤剖面样品时，剖面的规格一般为长 1.5m、宽 0.8m、深 1～1.5m，一般要求达到母质或潜水处即可。将朝阳的一面挖成垂直的坑壁，而与之相对的坑壁挖成每阶为 30～50cm 的阶梯状，以便上下操作，表土和底土分两侧放置。根据土壤剖面颜色、结构、质地、松紧度、植物根系分布等划分土层，并进行仔细观察，将剖面形态、特征自上而下逐一记录。随后在各层最典型的中部自下而上逐层采样，先采剖面的底层样品，再采中层样品，最后采上层样品。在各层内分别用小土铲切取一片片土壤样，每个采样点的取土深度和取样量应一致。根据监测目的和要求可获得分层试样或混合样，用于重金属分析的样品，应将与金属采样器接触部分的土样弃去。对B层发育不完整（不发育）的山地土壤，只采A、C两层。

6. 确定采样方法

采样方法主要有采样筒取样、土钻取样、挖坑取样。

7. 确定采样量

具体需要多少土壤数量视分析测定项目而定，一般要求1kg左右。对多点均量混合的样品可反复按四分法弃取，最后留下所需的土量，装入塑料袋或布袋中。

8. 采样注意事项

（1）采样点不能设在田边、沟边、路边或肥堆边。

（2）将现场采样点的具体情况，如土壤剖面形态特征等做详细记录，见表4-3。

表4-3　土壤现场记录表

采用地点		东经		北纬	
样品编号		采样日期			
样品类别		采样人员			
采样层次		采样深度/cm			
样品描述	土壤颜色 土壤质地 土壤湿度	植物根系 沙砾含量 其他异物			
采样点示意图		自下而上植被描述			

（3）采样的同时，由专人填写样品标签。标签一式两份（表4-4），一份放入袋中，一份系在袋口，标签上标注采样时间、地点、样品编号、监测项目、采样深度和经纬度。采样结束，需逐项检查采样记录、样袋标签和土壤样品，如有缺项和错误，及时补齐更正。将底土和表土按原层回填到采样坑中，方可离开现场，并在采样示意图上标出采样地点，避免下次在相同处采

集剖面样。

表 4-4 土壤样品标签样式

样品编号：
采用地点：
东经北纬：
采样层次
特征描述：
采样深度：
监测项目：
采样日期：
采样人员：

9. 样品编码

全国土壤环境质量例行监测土样编码方法采用12位码，具体编码方法和各位编码的含义如图4-2所示。

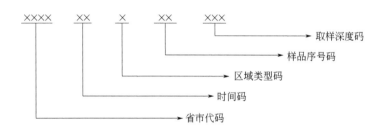

图 4-2 样品编码示意图

对于样品编码，有以下几点需要说明。

第一，第1~4位数字代表省市代码，其中省2位，市2位。

第二，第5~6位数字代表取样时间，取年份的后两位数计。

第三，第7位数字代表取样点位布设的重点区域类型，以一位数计。1代表粮食生产基地；2代表菜篮子种植基地；3代表大中型企业周边和废弃地；4代表重要饮用水源地周边；5代表规模化养殖场周边及污水灌溉区等重要敏感区域。

第四，第8~9位数字代表样品序号，连续排列。以两位数计，不足两位的在前面加零补足两位。

第五，第 10～12 位数字代表取样深度，以三位数计，不足三位的在前面加零补足三位。

（二）样品的制备

1. 制样工具及容器

（1）白色搪瓷盘。
（2）木槌、木滚、有机玻璃板（硬质木板）、无色聚乙烯薄膜。
（3）玛瑙研钵、白色瓷研钵。
（4）20 目、60 目、100 目尼龙筛。

2. 风干

除测定游离挥发酚、核酸态氮、硝态氮、低价铁等不稳定项目需要新鲜土样外，多数项目需用风干土样。

土壤样品一般采取自然阴干的方法。将土样放置于风干盘中，摊成 2～3cm 的薄层，适时地压碎、翻动，拣出碎石、沙砾、植物残体。应注意的是，样品在风干过程中，应防止阳光直射和尘埃落入，并防止酸、碱等气体的污染。

3. 磨碎

进行物理分析时，取风干样品 100～200g，放在木板上用圆木棍辗碎，并用四分法取压碎样，经反复处理使土样全部通过 2mm 孔径的筛子。过筛后的样品全部置于无色聚乙烯薄膜上，并充分搅拌均匀，再采用四分法取其两份：一份储于广口瓶内，用于土壤颗粒分析及物理性质测定；另一份做样品的细磨用。

4. 过筛

进行化学分析时，一般常根据所测组分及称样量决定样品细度。分析有机质、全氮项目，应取一部分已过 2mm 筛的土，用玛瑙研钵或白色瓷研钵继续研细，使其全部通过 60 目筛（0.25mm）。用原子吸收光度法测 Cd、Cu、Ni 等重金属时，土样必须全部通过 100 目筛（0.15mm）。研磨过筛后的样品混匀、装瓶、贴标签、编号、储存。

5. 分装

研磨混匀后的样品，分别装于样品袋或样品瓶，填写土壤标签一式两份，瓶内或袋内一份，瓶外或袋外贴一份。

6. 注意事项

第一，制样过程中采样时的土壤标签与土壤始终放在一起，严禁混错，样品名称和编码始终不变。

第二，制样工具每处理一份样后擦抹（洗）干净，严防交叉污染。

第三，分析挥发性、半挥发性有机物或可萃取有机物无须上述制样，用新鲜样按特定的方法进行样品前处理。

二、金属污染物的测定

在进行金属污染物的测定时，可以采用以下几种方法。

（一）酸溶解

1. 普通酸分解法

准确称取 0.5000g（准确到 0.1mg，以下都与此相同）风干土样于聚四氟乙烯坩埚中，用几滴水润湿后，加入 10mL HCl，于电热板上低温加热，蒸发至约剩 5mL 时加入 15mL HNO_3，继续加热蒸至近黏稠状，加入 10mL HF 并继续加热，为了达到良好的除硅效果，应经常摇动坩埚。最后加入 5mL $HClO_4$，并加热至白烟冒尽。对于含有机质较多的土样，应在加入 $HClO_4$ 之后加盖消解，土壤分解物应呈白色或淡黄色（含铁较高的土壤），倾斜坩埚时呈不流动的黏稠状。用稀酸溶液冲洗内壁及盖，温热溶解残渣，冷却后，定容于 100mL 或 50mL，最终体积依待测成分的含量而定。

2. 高压密闭分解法

称取 0.5000g 风干土样于内套聚四氟乙烯坩埚中，加入少许水润湿试样，再加入 HNO_3、$HClO_4$ 各 5mL，摇匀后将坩埚放入不锈钢套筒中，拧紧。放在 180℃的烘箱中分解 2h。取出，冷却至室温后，取出坩埚，用水冲洗坩埚盖的内壁，加入 3mL HF，置于电热板上，在 100～120℃温度下加热除硅，待坩埚内剩下 2～3mL 溶液时，调高温度至 150℃，蒸至冒浓白烟后再缓缓蒸至近干，按普通酸分解法同样操作定容后进行测定。

3. 微波炉加热分解法

微波炉加热分解法是以被分解的土样及酸的混合液作为发热体，从内部进行加热使试样受到分解的方法。有常压敞口分解和仅用厚壁聚四氟乙烯容器的密闭式分解法，也有密闭加压分解法。这种方法以聚四氟乙烯密闭容器作内筒，以能透过微波的材料如高强度聚合物树脂或聚丙烯树脂作外筒，在该密封系统内分解试样能达到良好的分解效果。

微波加热分解也可分为开放系统和密闭系统两种。其中，开放系统可分解多量试样，且可直接和流动系统相组合实现自动化，但由于要排出酸蒸汽，所以分解时使用的酸量较大，易受外环境污染，挥发性元素易造成损失，费时间且难以分解多数试样。密闭系统的优点较多，酸蒸气不会逸出，仅用少量酸即可，在分解少量试样时十分有效，不受外部环境的污染。在分解试样时不用观察及特殊操作，由于压力高，所以分解试样很快，不会受外筒金属的污染（因为用树脂作外筒）。可同时分解大批量试样。其缺点是需要专门的分解器具，不能分解量大的试样，如果疏忽会有发生爆炸的危险。

（二）碱融法

1. 碳酸钠熔融法

称取 0.5000～1.0000g 风干土样放入预先用少量碳酸钠或氢氧化钠垫底的高铝坩埚（以充满坩埚底部为宜，以防止熔融物粘住底部），分次加入 1.5～3.0g 碳酸钠，并用圆头玻璃棒小心搅拌，使其与土样充分混匀，再放入 0.5～1g 碳酸钠，使平铺在混合物表面，盖好坩埚盖。移入马弗炉中，于 900～920℃熔融 0.5h。自然冷却至 500℃左右时，可稍打开炉门（不可开缝过大，否则高温坩埚骤然冷却会开裂）以加速冷却，冷却至 60～80℃用水冲洗坩埚底部，然后放入 250mL 烧杯中，加入 100mL 水，在电热板上加热浸提熔融物，用水及（1+1）HCl 将坩埚及坩埚盖洗净取出，并小心用（1+1）HCl 中和、酸化（注意盖好表面皿，以免大量冒泡引起试样的溅失）；待大量盐类溶解后，用中速滤纸过滤，用水及 5％HCl 洗净滤纸及其中的不溶物，定容待测。

2. 碳酸锂-硼酸、石墨粉坩埚熔样法

土壤矿质全量分析中土壤样品分解常用酸溶剂，酸溶试剂一般用氢氟酸加氧化性酸分解样品。其优点是酸度小，适用于仪器分析测定；但对某些难熔矿物分解不完全，特别对铝、钛的测定结果会偏低，且不能测定硅（已被除去）。

碳酸锂-硼酸在石墨粉坩埚内熔样，再用超声波提取熔块，分析土壤中的常量元素，速度快，准确度高。在 30mL 瓷坩埚内充满石墨粉，置于 900℃高温电炉中灼烧半小时，取出冷却，用乳钵棒压一空穴。准确称取经 105℃烘干的土样 0.2000g 于定量滤纸上，与 1.5g Li_2CO_3-H_3BO_3（Li_2CO_3：H_3BO_3＝

1:2)混合试剂均匀搅拌,捏成小团,放入石墨粉洞穴中;然后将坩埚放入已升温到950℃的马弗炉中,20min后取出,趁热将熔块投入盛有100mL 4%硝酸溶液的250mL烧杯中,立即于250W功率清洗槽内超声(或用磁力搅拌),直到熔块完全熔解。将溶液转移到200mL容量瓶中,并用4%硝酸定容。吸取20.00mL上述样品液入25mL容量瓶中,并根据仪器的测量要求决定是否需要添加基体元素及增加浓度,最后用4%硝酸定容,用光谱仪进行多元素同时测定。

(三)酸溶浸法

1. HCl-HNO_3 溶浸法

准确称取 2.0000g 风干土样,加入 15mL 的(1+1)HCl 和 5mL HNO_3,振荡 30min,过滤定容至 100mL,用电感耦合等离子体发射光谱法(ICP 法)测定 Ca、Mg、K、Na、Fe、Al、Ti、Cu、Zn、Cd、Ni、Cr、Pb、Co、Mn、Mo、Ba、Sr 等。

或采用下述溶浸方法:准确称取 2.0000g 风干土样于干烧杯中,加少量水润湿,加入 15mL (1+1)HCl 和 5mL HNO_3,盖上表面皿于电热板上加热,待蒸发至约剩 5mL,冷却,用水冲洗烧杯和表面皿,用中速滤纸过滤并定容至 100mL,用原子吸收法或 ICP 法测定。

2. HNO_3-H_2SO_4-$HClO_4$ 溶浸法

其方法特点是 H_2SO_4、$HClO_4$ 沸点较高,能使大部分元素溶出,且加热过程中液面比较平静,没有迸溅的危险。操作步骤是,准确称取 2.5000g 风干土样于烧杯中,用少许水润湿,加入 HNO_3-H_2SO_4-$HClO_4$ 混合酸 12.5mL,置于电热板上加热,当开始冒白烟后缓缓加热,并经常摇动烧杯,蒸发至近干。冷却,加入 5mL HNO_3 和 10mL 水,加热溶解可溶性盐类,用中速滤纸过滤,定容至 100mL,待测。

3. HNO_3 溶浸法

准确称取 2.0000g 风干土样于烧杯中,加少量水润湿,加入 20mL HNO_3。盖上表面皿,置于电热板或沙浴上加热,若发生迸溅,可采用每加热 20min 关闭电源 20min 的间歇加热法。待蒸发至约剩 5mL,冷却,用水冲洗烧杯壁和表面皿,经中速滤纸过滤,将滤液定容至 100mL,待测。

4. Cd、Cu、As 等的 0.1mol/L HCl 溶浸法

土壤中 Cd、Cu、As 的提取方法,其中 Cd、Cu 的操作条件是:准确称取

10.0000g 风干土样于 100mL 广口瓶中，加入 0.1mol/L HCl 50.0mL，在水平振荡器上振荡。振荡条件是温度 30℃、振幅 5～10cm、振荡频次 100～200 次/min，振荡 1h。静置后，用倾斜法分离出上层清液，用干滤纸过滤，滤液经过适当稀释后用原子吸收法测定。

As 的操作条件是：准确称取 10.0000g 风干土样于 100mL 广口瓶中，加入 0.1mol/L HCl 50.0mL，在水平振荡器上振荡。振荡条件是温度 30℃、振幅 10cm、振荡频次 100 次/min，振荡 30min。用干滤纸过滤，取滤液进行测定。

除用 0.1mol/L HCl 溶浸 Cd、Cu、As 以外，还可溶浸 Ni、Zn、Fe、Mn 等重金属元素。0.1mol/L HCl 溶浸法是目前使用最多的酸溶浸方法，此外也有使用 CO_2 饱和的水等酸性溶浸方法。

第五章

噪声与辐射环境监测

我们生活的环境中充满了声音，也包括噪声。噪声会令人烦躁讨厌，甚至引起疾病的声音，因而对噪声进行监测，确保其在一个合理的范围内是十分重要的。与此同时，我们生活在一个充满辐射的环境，辐射会造成人的身心损伤，因而对辐射环境进行监测也是很有必要的。在本章中，将对噪声与辐射环境监测的相关内容进行详细阐述。

第一节 噪声检测

一、噪声的基本认知

（一）噪声的含义

人们交谈、广播、电视、通讯联络、社会交往、车马运行、家禽家畜、机器工作都会发出声音。保证人际间的正常交往必须要有声音，而且生活在完全寂静无声的世界里会使人感到压抑、郁闷甚至疯狂。但声音如果过强，就会影响人们正常的工作、学习、休息和睡眠。这些令人烦躁讨厌，甚至引起疾病的声音，从生理学的观点而言就是噪声。从物理学的角度来看，一切杂乱无章，频率和振幅都在变化的声音都是噪声。从环保的角度来看，噪声指的是一切人们不需要的声音。

(二)噪声的来源

噪声的种类很多,产生噪声的来源也不同,噪声来源包括自然界的噪声和人为活动产生的噪声。其中,人为活动产生的噪声主要有以下几种。

第一,交通噪声,包括汽车、火车、飞机等交通工具产生的噪声。

第二,工业噪声,包括厂矿企业的鼓风机、汽轮机、织布机、冲床等各种机器设备产生的噪声。

第三,建筑施工的噪声,包括建筑施工用打桩机、混凝土搅拌机、推土机等机械工作时产生的噪声。

第四,生活噪声,主要有人们社会生活活动中产生的噪声,如广播、电视机、收音机等家电及吵架等所产生的噪声。

(三)噪声的危害

噪声对人体的影响是多方面的。其首先表现在对人的听力的影响,同时也表现在对人体各器官的影响,强烈的噪声对物体也能产生损伤。

1. 噪声对听力的危害

人们在强烈的噪声环境中待上一段时间后,会感到耳朵里嗡嗡响,什么也听不清,听力下降。例如,人们进入织布车间然后再出来就有这种现象,这就是暂时性听阈偏移,也称作听觉疲劳。但如果长期(几十年)在这种强噪声环境下工作,听觉将不能恢复,且人耳内部将产生器质性病变,人耳器官受损失,暂时性听阈偏移变成了永久性听阈偏移,这就是噪声性听力损失或噪声性耳聋。由此可见,噪声性耳聋是强噪声长期作用于人耳造成的。

目前,国际上使用较多的听力损伤临界值是由 ISO 于 1964 年提供的,规定以 500Hz、1000Hz、2000Hz 听力损失的平均值超过 25dB 作为听力损失的起点。凡听力损失小于 25dB 时均视作听力正常,超过 25dB 时为轻度聋,听力损失 40~55dB 时为中度聋,听力损失 55~70dB 时为显著聋,损失 70~90dB 时为重度聋,损失 90dB 以上时为极端聋。

2. 噪声对神经系统的危害

长期接触噪声的人往往会出现头痛、头晕、多梦、失眠、心慌、全身乏力、记忆力减退等症状,这就是神经衰弱。有人曾调查接触 80~85dB 噪声的车工和钳工,82~87dB 噪声的镀工,95~99dB 噪声的自动机床操作工。结果发现：随着噪声强度的不同，神经衰弱的症状亦有不同，车工和钳工以头痛（占 15.6%）和睡眠不好（占 24.4%）为主，镀工和自动机床操作工除了头痛之外，还表现疲倦及易怒等症状。

3. 噪声对心血管系统的危害

强噪声可使人们心跳加快，心律不齐，血管痉挛，血压发生变化。有人调查过 85～95dB 高频噪声下工作的工人，发现高血压患者占 7.6%，低血压患者占 12.3%。还有人在噪声为 95～117dB 的绳索厂对工人观察了 8 年，发现许多人有心血管系统功能改变和血压不稳的情况。当工人超过 40 岁以后，高血压患者的人数比同年龄组不接触噪声的工人高 2 倍多。高血压患者中还有少数人表现为合并冠状动脉损伤、血脂偏高、胆固醇过多等症状。

在电机厂接触高噪声的电机工人比对照组的高血压患者多 3 倍，低血压患者多 2 倍半，同时发现工龄短的年轻工人中低血压患者较多。

脉冲噪声比稳态噪声引起的血压变化要大得多，脉冲噪声环境中工作的工人其舒张压明显降低，而收缩压则明显增高。

4. 噪声对视觉器官的危害

有人曾用 800Hz 和 2000Hz 的噪声进行试验，发现视觉功能发生一定的改变，视网膜轴体细胞光受性降低。另外，蓝色光、绿色光使人的视野增大，金红色光使视野缩小。

噪声强度，也会影响视力清晰度，噪声强度越大，视力清晰度越差。如在 80dB 噪声下工作后，经 1h 视力清晰度才恢复稳定；而在 70dB 噪声下，工作后只需 20min 就可恢复。长期接触强噪声，会损害视觉器官，并出现眼花、眼痛、视力减退等症状。

5. 噪声对消化系统的危害

噪声也会影响消化系统，使肠胃功能紊乱，产生食欲不振、恶心、肌无力、消瘦、体质减弱等症状。有调查表明，在被调查者中，1/3 的人胃酸度降低，个别人胃酸度增高；1/3 的人胃液分泌机能降低，少数人反而增高；半数以上的人胃排空机能减慢。

6. 噪声对人们日常生活的危害

毫无疑问，人们都有这样的经验，噪声会干扰人的工作、学习、睡眠、谈话等，在强噪声下，情况尤其如此。

嘈杂的强噪声使人讨厌、烦恼、精神不集中，影响工作效率，妨碍休息和睡眠。通常当噪声低于50dB时，人们认为环境是安静的；当噪声级高到80dB左右，就认为是比较吵闹了；若噪声级达到100dB就会使人感到非常吵闹；当噪声达到120dB，就令人难以忍受了。除了噪声级的高低外，噪声的频率特性和时间特性也会产生影响。一般而言，高频声比低频声对人的影响更大，非稳态声、脉冲声也比连续的稳态声对人的影响要大；对于同一噪声，对精细的工作如精密装配、刺绣、打字等比对一般性的工作影响大，对非熟练工人的影响比对熟练工人大。

睡眠时对安静的要求更高。噪声对睡眠的影响程度大致与噪声的声级成正比。40~50dB的噪声对一般人没有干扰，而突发的噪声的干扰当然更为严重，通常夜间睡眠时要求噪声的声级不超过40dB。

噪声对人的谈话的影响是广泛且显而易见的，这种影响是通过对人耳听力的影响实现的。噪声的声级较高时人的听力下降就听不清对方的谈话。这种影响在一般情况下并不明显，但是在工作时，这种影响可能导致工作事故的发生。根据现场测试统计，一般谈话声级达60dB，提高嗓音时是66dB，大声说话可达72dB。如果环境噪声等于或小于这些数值，交谈就没有困难，但如果噪声高于这些数值时交谈就会受到干扰。电话通信也是如此。当环境噪声低于57dB时，打电话的质量就很好；噪声在57~72dB时，通话质量较差；噪声在72~78dB时，通话质量很差，在更高的噪声环境中，打电话就基本听不见了。

（四）强噪声的效应

强噪声对建筑物有破坏作用。当噪声强度达140dB时，对建筑物的轻型结构开始有破坏作用；相当于160~170dB的噪声能够使窗玻璃破裂。一般住宅的窗玻璃的固有频率为30~40Hz，在此频段，内部产生的压力最大，破坏效应也最强。

强噪声会影响精密仪表的正常工作。航天器和喷气式飞机在开始发动后会处于50~160dB的噪声环境中，这种噪声会使航天器和喷气式飞机上的仪器设备受到干扰、失效以至损坏。这里干扰是指仪器由于处在强噪声中而使内部电噪声增大以至不能正常工作。失效是指电子元器件或设备在高强度噪声作用下特性变坏不能工作，但强噪声消失后仪器又恢复正常。声破坏是指声场激发的振动传递到仪表上产生破裂，仪器不再正常工作。一般说来，噪声强度在135~150dB时影响还不明显。

强噪声还会使飞行中的航天器和喷气式飞机上的金属薄板结构由于声致振

动而产生疲劳，或引起铆钉松动。由于这种声疲劳断裂是突然发生的，所以一旦出现往往会引起灾难性事故。

二、声环境质量监测

（一）声环境质量标准

《声环境质量标准》（GB 3096—2008）规定了 5 类声环境功能区的环境噪声限值及测量方法，适用于声环境质量评价与管理（表 5-1）。

表 5-1 环境噪声限值　　　　　　　　　单位：dB（A）

声环境功能区类别		0 类	1 类	2 类	3 类	4 类	
						4a 类	4b 类
时段	昼间	50	55	60	65	70	70
	夜间	40	45	50	55	55	60

接下来，对各类标准的适用区域进行详细说明。

0 类声环境功能区适用于康复疗养区等特别需要安静的区域。

1 类声环境功能区适用于以居民住宅、医疗卫生、文化教育、科研设计、行政办公为主要功能，需要保持安静的区域。

2 类声环境功能区适用于商业金融、集市贸易为主要功能，或者居住、商业、工业混杂，需要维护住宅安静的区域。

3 类声环境功能区适用于工业生产、仓储物流为主要功能，需要防止工业噪声对周围环境产生严重影响的区域。

4 类声环境功能区适用于交通干线两侧一定距离之内，需要防止交通噪声对周围环境产生严重影响的区域，包括 4a 类和 4b 类两种类型。4a 类为高速公路、一级公路、二级公路、城市快速路、城市主干路、城市次干路、城市轨道交通（地面段）、内河航道两侧区域；4b 类为铁路干线两侧区域。

各类声环境功能区夜间突发性噪声，其最大声级超过环境噪声限值的幅度不得高于 15dB（A）。

（二）噪声监测的仪器

噪声监测的仪器，常用的有以下几种。

1. 声级计

声级计是噪声测量最基本最常用的仪器，适用于环境噪声、室内噪声、机器噪声、建筑噪声等各种噪声测量，常见的有 AWA5633A、PAS5633、TES-1352、PSJ-2 型。

(1) 声级计的工作原理　声级计主要由传声器、放大器、衰减器、计权网络、电表电路及电源等部分组成，其工作原理是声压由传声膜片接受后，将声压信号转换成电信号（图 5-1）。由于表头指示范围一般只有 20dB，而声音范围变化可高达 140dB，甚至更高，所以，此信号经前置放大器作阻抗变换后，经输入衰减器衰减后的信号再由输入放大器进行定量放大，放大后的信号由计权网络进行计权。计权网络是模拟人耳对不同频率有不同灵敏度的听觉响应，在计权网络处可外接滤波器进行频谱分析。经计权后的信号由输出衰减器减到额定值，随即送到输出放大器放大，使信号达到相应的功率输出，输出信号经检波后送出有效电压，推动电表显示所测的声压级数值。

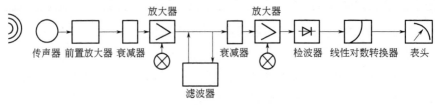

图 5-1　声级计工作原理示意图

(2) 声级计的类型　按照用途，声级计可分为一般声级计、车辆声级计、脉冲声级计、积分声级计和噪声计量计等。其中，积分声级计是一种直接显示某一测量时间内被测噪声等效连续声级的仪器，主要用于环境噪声和工厂噪声的测量。

按照精度，声级计可分为四种类型：0 型声级计（精度为±0.4dB），为标准声级计；I 型声级计（精度为±0.7dB），为精密声级计；H 型声级计（精度为±1.0dB）和 DI 型声级计（精度为±1.5dB），作为一般用途的普通声级计。按其体积大小可分便携式声级计和袖珍式声级计。国际标准化组织（ISO）及国际电工委员会（IEC）规定普通声级计的频率范围是 20～8000Hz。精密声级计的频率范围为 20～12500Hz。

2. 声级频谱仪

频谱仪是测量噪声频谱的仪器，它的基本组成大致与声级计相似。但是在频谱分析仪中，设置了完整的计权网络（滤波器）。借助于滤波器的作用，可以将声频范围内的频率分成不同的频带进行测量。例如做倍频程划分时，若将滤波器置于中心频率 500Hz，通过频谱分析仪的则是 335～710Hz 的噪声，其他频率就不能通过，因此在频谱分析仪上所显示的就是频率为 335～710Hz 噪声的声压级，其他类推。由于频谱分析仪能分别测量噪声中所包含的各种频带的声压级，因此它是进行噪声频谱分析不可缺少的仪器。一般情况下，进行频谱分析时，都采用倍频程划分频带。如果对噪声要进行更详细的频谱分析，就要用窄频带分析仪，例如用 1/3 频程划分频带。在没有专用的频谱分析仪时，也可以把适当的滤波器接在声级计上进行频谱测定。

3. 噪声统计分析仪

噪声统计分析仪是用来测量噪声级的统计分布，并直接指示累计百分声级的一种测量仪器。一般来说，噪声统计分析仪均可测量声压级、A 计权声级、累计百分声级 L_N、等效声级 L_{eq}、标准偏差、概率分布和累积分布。与声级计相比，噪声统计分析仪的显著优点是取样和数据处理的自动化，提高了测量的精度。常见的产品有 AWA6218A、AWA6218B 型等。

（三）校准与使用测量仪器

1. 校准测量仪器

声校准器是一种能在一个或多个规定频率上，产生一个或多个已知声压级的装置。声校准器有两个主要用途：测量传声器的声压灵敏度；检查或调节声学测量装置或系统的总灵敏度。

在《电声学 声校准器》（GB/T15173—2010）中，将声校准器的准确度等级分为 LS 级、1 级、2 级。LS 级声校准器一般只在实验室中使用，1 级和 2 级声校准器为现场使用。按照工作原理，校准器主要有活塞发声器和声级校准器两种。

活塞发声器是一种由电动机转动带动活塞在空腔内往复移动，从而改变空腔的压力，产生声音的仪器（图 5-2）。由于活塞的表面积、活塞行程和空腔容积（活塞在中间位置时）都保持不变，因此产生的声压非常稳定。在频率为 250Hz、声压级为 124dB 时，其准确度能达到 0.2dB，通常能满足 1 级声校准器的要求，有的还可作为 LS 级声校准器。活塞发声器的最大缺点是其声压级受大气压影响很大，如在高原地区的西藏拉萨市（海拔 3600m），活塞发生器产生的声压级比在平原地区低 3dB 左右，需要进行大气压修正，才能达到规定等级要求。另外，活塞发声器失真也较大，而且工作频率只能到250Hz。

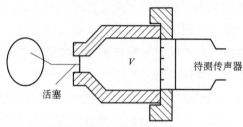

图 5-2　活塞发声器原理

声级校准器的发声方法是采用压电陶瓷片的弯曲振动，后面耦合一个亥姆霍兹共鸣器发声（图 5-3）。大多数声级校准器的声源为 94dB（1000Hz）和 114dB（250Hz）。其优点有：由于参考传声器的灵敏度不随大气压变化而变化，因此该声校准器产生的声压级不需要进行大气压修正；校准时传声器与耦合腔配合不必非常紧密，而且可以校准不同等效容积的传声器。

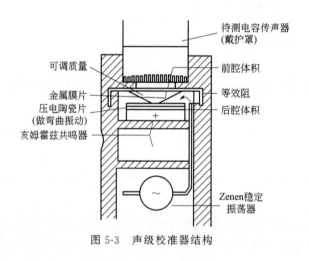

图 5-3　声级校准器结构

2. 使用测量仪器

在使用测量仪器时，要特别注意以下几个方面。

第一，要定期检查测量仪器，确保需要时可直接使用。

第二,要在有效使用期限内使用。

第三,每次测量前、后必须在测量现场进行声学校准,其前、后校准示值偏差不得大于0.5dB,否则测量结果无效。

(四)布设监测点位

以监测对象和目的为依据,可选择以下三种测点条件(至传声器所置位置)进行环境噪声的测量。

第一,一般户外。距离任何反射物(地面除外)至少3.5m外测量,距离地面高度1.2m以上。必要时可置于高层建筑上,以扩大监测受声范围。使用监测车辆测量,传声器应固定在车顶部1.2m高度处。

第二,噪声敏感建筑物户外。在噪声敏感建筑物外,距墙壁或窗户1m处,距地面高度1.2m以上。

第三,噪声敏感建筑物室内。距离墙面和其他反射面至少1m,距窗约1.5m,距地面1.2~1.5m。

(五)监测与评价的方法

一般来说,噪声监测应在无雨雪、无雷电天气,风速5m/s以下时进行。另外,根据监测对象和目的,环境噪声监测分为声环境功能区监测和噪声敏感建筑物监测两种类型。下面从这两种类型出发,对噪声监测与评价的方法进行详细说明。

1. 声环境功能区监测与评价

在进行声环境功能区监测时,可以采用定点监测法和普查监测法。这两种方法的监测要求不同,对监测结果的评价方式也有所差异。

(1)定点监测法

① 监测要求　定点监测法的监测要求,主要有以下几点。

第一,选择能反映各类功能区声环境质量特征的监测点1至若干个,进行长期定点监测,每次测量的位置、高度应保持不变。

第二,对于0、1、2、3类声环境功能区,该监测点应为户外长期稳定、距地面高度为声场空间垂直分布的可能最大值处,其位置应能避开反射面和附近的固定噪声源;4类声环境功能区监测点设于4类区内第一排噪声敏感建筑物户外交通噪声空间垂直分布的可能最大值处。

第三,声环境功能区监测每次至少进行一昼夜24h的连续监测,得出每小时及昼间、夜间的等效声级和最大声级用于噪声分析目的,可适当增加监测项目，如累积百分声级等。监测应避开节假日和非正常工作日。

② 监测结果评价　各监测点位监测结果独立评价，以昼间等效声级 Ld 和夜间等效声级 Ln 作为评价各监测点位声环境质量是否达标的基本依据。

一个功能区设有多个测点的，应按点次分别统计昼间、夜间的达标率。

(2) 普查监测法

① 对 0~3 类声环境功能区普查监测

第一，监测要求。将要普查监测的某一声环境功能区划分成多个等大的正方格，网格要完全覆盖住被普查的区域，且有效网格总数应多于 100 个。测点应设在每一个网格的中心，测点条件为一般户外条件。监测分别在昼间工作时间和夜间 22：00~24：00（时间不足可顺延）进行。在前述监测时间内，每次每个测点测量 10min 的等效声级，同时记录噪声主要来源。监测应避开节假日和非正常工作日。

第二，监测结果评价。将全部网格中心测点测量 10min 的等效声级做算术平均运算，所得到的平均值代表某一声环境功能区的总体环境噪声水平，并计算标准偏差。根据每个网格中心的噪声值及对应的网格面积，统计不同噪声影响水平下面积百分比，以及昼间、夜间的达标面积比例。有条件的可估算受影响人口。

② 对 4 类声环境功能区普查监测

第一，监测要求。一是以自然路段、站场、河段等为基础，考虑交通运行特征和两侧噪声敏感建筑物分布情况，划分典型路段（包括河段）。在每个典型路段对应的 4 类区边界上（指 4 类区内无噪声敏感建筑物存在时）或第一排噪声敏感建筑物户外（指 4 类区内有敏感建筑物存在时）选择 1 个测点进行噪声监测。这些测点应与站、场、码头、岔路口、河流汇入口等相隔一定的距离，避开这些地点的噪声干扰。二是监测分昼、夜两个时段进行。分别测量如下规定时间内的等效声级和交通流量，对铁路、城市轨道交通线路（地面段），应同时测量最大声级，对道路交通噪声应同时测量累积百分声级。三是根据交通类型的差异，规定的测量时间如下。铁路、城市轨道交通（地面段）、内河航道两侧：昼、夜间各测量不低于平均运行密度的 1h 值，若城市轨道交通（地面段）的运行车次密集，测量时间可缩短至 20min。高速公路、一级公路、二级公路、城市快速路、城市主干路、城市次干路两侧：昼、夜间各测量不低于平均运行密度的 20min 值。监测应避开节假日和非正常工作日。

第二，监测结果评价。将某条交通干线各典型路段测得的噪声值，按路段长度进行加权算术平均,以此得出某条交通干线两侧 4 类声环境功能区的环境噪声平均值。也可以对某一区域内的所有铁路、确定为交通干线的道路、城市轨道交通(地面段)、内河航道按前述方法进行长度加权统计,得出针对某一区域某一交通类型的环境噪声平均值。根据每个典型路段的噪声值及对应的路段长度,统计不同噪声影响水平下的路段百分比,以及昼间、夜间的达标路段比例。有条件的可估算受影响人口。对某条交通干线或某一区域某一交通类型采取抽样测量的,应统计抽样路段比例。

2. 噪声敏感建筑物监测与评价

(1) 监测要求　噪声敏感建筑物监测的要求,主要有以下两点。

第一,监测点一般设于噪声敏感建筑物户外。不得不在噪声敏感建筑物室内监测时,应在门窗全打开状况下进行室内噪声监测,并采用较该噪声敏感建筑物所在声环境功能区对应环境噪声限值低 10dB(A)的值作为评价依据。

第二,对敏感建筑物的环境噪声监测应在周围环境噪声源正常工作条件下测量,视噪声源的运行工况,分昼、夜两个时段连续进行。根据环境噪声源的特征,可优化测量时间。

(2) 监测结果评价　以昼间、夜间环境噪声源正常工作时段的 L_{eq} 和夜间突发噪声 L_{max} 作为评价噪声敏感建筑物户外(或室内)环境噪声水平是否符合所处声环境功能区的环境质量要求的依据。

三、工业企业的噪声监测

(一) 布点

对工业企业外环境噪声进行监测,应在工业企业边界线外 1m、高度 1.2m 以上的噪声敏感处进行。围绕厂界布点,布点数目及时间间距视实际情况而定,一般根据初测结果中,声级每涨落 3dB 布一个测点。如边界模糊,以城建部门划定的建筑红线为准。如与居民住宅毗邻,应取该室内中心点的测量数据为准,此时标准值应比室外标准值低 10dB(A)。如边界设有围墙、房屋等建筑物,应避免建筑物的屏障作用对测量的影响。

测量车间内噪声时,若车间内部各点声级分布变化小于 3dB,只需要在车间选择 1~3 个测点;若声级分布差异大于 3dB,则应按声级大小将车间分成若干区域,使每个区域内的声级差异小于 3dB,相邻两个区域的声级差异应大于或等于 3dB,并在每个区选取 1~3 个测点。这些区域必须包括所有工人观察和管理生产过程而经常工作活动的地点和范围。

（二）测量

测量应在工业企业的正常生产时间内进行，分昼间和夜间两部分。传声器应置于工作人员的耳朵附近，测量时工作人员应从岗位上暂时离开，以避免声波在工作人员头部引起的散射声使测量产生误差，必要时适当增加测量次数。计权特性选择 A 声级，动态特性选择慢响应。稳态噪声只测量 A 声级。非稳态噪声则在足够长时间内（能代表 8h 内起伏状况的部分时间）测量，若声级涨落在 3~10dB 范围，每隔 5s 连续读取 100 个数据；若声级涨落在 10dB 以上，则连续读取 200 个数据。

第二节　辐射环境监测

一、辐射环境监测的含义

辐射环境监测是环境监测的重要组成部分。所谓辐射环境监测，就是对操作放射性物质的设施周界之外的辐射和放射性水平所进行的与该设施运行有关的测量。辐射环境监测的对象是环境介质和生物。同时，从辐射类型上分可分为电离辐射环境监测和电磁辐射环境监测两类。

二、电离辐射环境监测

随着人类对核能的开发利用，铀矿和一些伴生放射性矿产的开采以及核技术在工业领域的普及，使得电离辐射环境监测日渐引起公众的关注。目前，我国的电离辐射环境监测主要对象是放射性物质的设施周围的环境介质和生物，目的在于监控核设施是否正常运行以及检验设施运行在周围环境中造成的辐射和放射性水平是否符合国家和地方的相关规定，同时对人为的核活动所引起的环境辐射的长期变化趋势进行监视。

（一）电离辐射的含义与危害

1. 电离辐射的含义

辐射指的是物质向外释放粒子或者能量的过程，当辐射出的粒子能使物质发生电离的叫作电离辐射。能发出电离辐射的物质一般有放射性核素、加速器和 X 射线装置等。放射性核素会自发地向外释放电离辐射。

2. 电离辐射的危害

放射性物质可通过呼吸道、消化道、皮肤等进入人体并在人的体内蓄积，引起内辐射。射线可以穿透一定距离而造成外辐射伤害。放射性物质对人体的危害主要是辐射损伤。辐射引起的电子激发作用和电离作用使机体分子不稳定和破坏，导致蛋白质分子键断裂和畸变，对新陈代谢有非常重要作用的酶会遭到破坏。因此，辐射不仅可以扰乱和破坏机体细胞、组织的正常代谢活动，而且可以直接破坏细胞和组织的结构，对人体产生躯体损伤效应（如白血病、恶性肿瘤、生育力降低、寿命缩短等）和遗传损伤效应（如先天畸形等）。

（二）电离辐射的来源

电离辐射的来源，主要有以下几个。

1. 天然辐射源

天然存在的电离辐射源，便是天然辐射源。其主要来源于宇宙辐射、宇生放射性核素及原生放射性核素。它们产生的辐射称为天然本底辐射，是判断环境是否受到放射性污染的基准。

（1）宇宙辐射　宇宙辐射是一种从宇宙空间射到地面的射线，由初级宇宙射线和次级宇宙射线组成。初级宇宙射线是从宇宙空间进入地球的高能粒子流，主要由质子、α 粒子和电子构成。次级宇宙射线是初级宇宙射线进入大气层后与空气中的原子核相互碰撞引起核反应并产生一系列其他粒子，通过这些粒子自身转变或进一步与周围物质发生作用，就形成次级宇宙射线。

（2）宇生放射性核素　由宇宙射线与大气层、土壤、水中的核素发生反应产生的放射性核素有 20 余种。天然存在的 ^{14}C 是宇宙射线中的中子与天然存在的 ^{13}N 作用而产生的核反应产物。

（3）原生放射性核素　多数天然放射性核素在地球起源时就存在于地壳之中，经过天长日久的地质年代，母体和子体之间已达到放射性平衡，从而建立了放射性核素的系列。这种系列有三个，即铀，其母体是 ^{238}U；锕，其母体是 ^{227}Ac；钍，其母体是 ^{232}Th。这些母体具有很长的半衰期，每一系列中都含有放射性气体氡核素，且末端都是稳定的铅核素。

自然界中单独存在的核素约有 20 种，其特点是具有极长的半衰期，而且强度极弱，只有采用极灵敏的检测技术才能发现。

2. 人为辐射源

引起环境辐射污染的主要来源是生产和使用放射性物质的单位所排放的放射性废物，以及核武器爆炸、核事故等产生的放射性物质。

（1）核设施　具有规模生产、加工、利用、操作、贮存和处理放射性物质的设施，如铀加工、富集设施，核燃料制造厂，核反应堆，核动力厂，核燃料贮存设施和核燃料后处理厂等。

（2）射线装置　安装有粒子加速器、X射线机及大型放射源并能产生高强度辐射场的构筑物。

（3）放射性同位素的应用　工农业、医学、科研等部门使用放射性核素日益广泛，其排放废物也是主要的人为污染源之一。例如，医学检查、使用 ^{60}Co 照射治疗癌症等；发光钟表工业应用放射性同位素作长期的光激发源；农业生产上利用辐射育种和辐射食品保藏等；科研部门利用放射性同位素进行示踪试验等。

（4）伴生放射性的开采与利用　在稀土金属和其他伴生金属矿开采、提炼过程中，其"三废"排放物中含有铀、钍等放射性核素，将造成所在地区的污染。

另外，核试验及航天事故包括大气层核试验、地下核爆炸冒顶事故及核事故等，将会有大量放射性物质泄漏到环境中去，对环境造成严重的污染。

（三）常见的辐射物理量

常见的辐射物理量，主要有以下几个。

第一，放射性活度，即单位时间内放射性元素衰变的个数。

第二，半衰期，即某种放射性元素有半数发生衰变时所需要的时间。

第三，衰变常数，即放射性元素的一个原子核在单位时间内发生衰变的概率。不同的放射性元素衰变常数是唯一且固定的。

第四，反应截面，即反映某种相互作用的概率大小，可定义为通过单位面积上的有效碰撞粒子个数。

第五，粒子能量，即描述粒子或射线的能量大小。

第六，注量和注量率。注量是指通过单位面积上的粒子或者光子数目，而单位时间内通过单位面积上的粒子或光子数目称为注量率。

第七，照射量，即在离放射源一定距离的物质受照射线的多少，以X线或γ线在空气中全部停留下来所产生的电荷量来表示。

第八，比释动能，即不带电粒子在单位质量的吸收介质中产生的带电粒子的初始动能的总和。

第九，吸收剂量，即电离辐射粒子在单位质量的任意吸收介质中能量沉积的大小。由于同一种粒子与不同的介质的反应截面不同，因此不同的物质对同一种粒子的吸收剂量是不同的。

第十，剂量当量。不同粒子与物质相互作用的机制不同，即使在相同介质中产生一样的吸收剂量，其危害程度是不一样的。为了表示不同粒子对人体某组织或器官所产生的生物效应，提出剂量当量的概念。定义某类型辐射粒子在某组织中产生的剂量当量等于该辐射类型在组织中的吸收剂量乘以该辐射类型的品质因子。

第十一，有效剂量。在人体全身受到均匀照射情况下，考虑到不同组织的自我修复能力和其生物效应不同，应当给予不同组织一个照射的权重因子。有效剂量表示人体所有组织的剂量当量与该器官的权重因子的乘积之和。

（四）电离辐射的探测

要探测电离辐射，就需要借助于电离辐射探测器。绝大多数辐射探测器都是利用电离和激发效应来探测入射粒子的。最常用的探测器主要有气体探测器、半导体探测器和闪烁体探测器三大类。气体探测器是利用射线在气体介质中产生的电离效应，产生相应的感应电流脉冲；闪烁体探测器是利用射线在闪烁物质中产生发光效应；半导体探测器是利用射线在半导体中产生的电子和空穴。此外，还有利用离子基团作为径迹中心所用的核乳胶、固体径迹探测器等。

1. 气体探测器（电离型检测器）

利用射线在工作气体中产生电离现象，通过收集气体中产生的电离电荷来记录射线的探测器，被称为气体探测。射线通过气体介质时，由于与气体的电离碰撞而逐渐损失能量，最后被阻止下来，其结果是使气体的原子、分子电离和激发，产生大量的电子离子对。关于气体探测器的工作原理，可参考图5-4。

气体探测器的工作电压会影响电离室的工作状态，根据其特定的工作状态可制作出不同的探测器类型，如正比计数器、G-M计数管、气体电离室等。其中，电离室、正比计数器和G-M计数管都属于气体探测器，只是工作电压不同。在不同的探测要求下选择合适的探测器，电离室和正比计数器所产生的

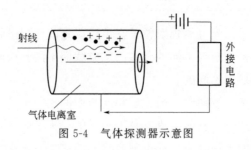

图 5-4 气体探测器示意图

脉冲幅度与入射粒子能量有关，所以可以用于能量测量；G-M 计数管输出幅度大，便于甄别，但输出幅度与入射粒子能量无关，因此只能用于粒子数量的测量。

2. 半导体探测器

半导体探测器实际上是一种固体二极管式电离室，利用 PN 结形成电子-空穴对，在外接电压的作用下，PN 结会形成一个内部电场称为耗尽区（图 5-5）。射线进入耗尽区时，形成电子-空穴对，电子-空穴对的方向运动在外电路中产生一个感应脉冲信号，通过对脉冲信号的记录分析测得射线的基本信息。其原理非常类似气体探测器的电离室。

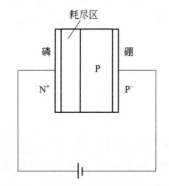

图 5-5 半导体探测器的基本结构

3. 闪烁体探测器

闪烁体探测器是利用离子进入闪烁体后使其电离和激发，闪烁体激发态能级寿命极低,退激时产生大量荧光光子,荧光光子通过光导打到光电倍增管光电阴极上,光电阴极与荧光光子发生光电效应转换成光电子,光电子通过光电倍增管加速、聚焦、倍增,大量的电子在阳极负载上建立起幅度足够大的脉冲信号。脉冲信号经过后续的前置放大器、脉冲放大器多道能谱进行处理与分析。闪烁体探测器的工作流程,可参考图5-6。

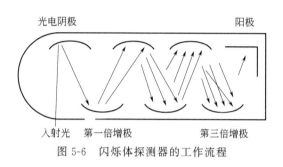

图 5-6 闪烁体探测器的工作流程

闪烁体探测器根据闪烁体类型可分为有机闪烁体和无机闪烁体。闪烁体探测器的探测效率较高,塑料闪烁体价格便宜,可广泛使用,还可塑造成各种形状和尺寸。但是在使用时一定要保护探头的密封性,避免曝光。

(五)样品的采集和预处理

1. 样品的采集

(1) 放射性沉降物的采集　沉降物包括干沉降物和湿沉降物,主要来源于大气层核爆炸所产生的放射性尘埃,还有少部分来源于人工放射性微粒。

① 放射性干沉降物　对于放射性干沉降物,样品采集可借助于以下几种方法。

水盘法是用不锈钢或聚乙烯塑料制圆形水盘采集沉降物,盘内装有适量稀酸,沉降物过少的地区酌情加数毫克硝酸锅或氯化铜载体。将水盘置于采样点暴露24h,应始终保持盘底有水。采集的样品经浓缩、灰化等处理后,作总β放射性测量。

黏纸法是用涂一层黏性油(松香加黄麻油等)的滤纸贴在圆形盘底部(涂油面向外),放在采样点暴露24h,然后再将黏纸灰化,进行总α放射性测量。也可以用蘸有三氯甲烷等有机溶剂的滤纸擦拭落有沉降物的刚性固体表面(如道路、门窗、地板等),以采集沉降物。

高罐法是用一不锈钢或聚乙烯圆柱形罐暴露于空气中采集沉降物。因罐壁高,可不放水,用于长时间收集沉降物。

② 放射性湿沉降物　湿沉降物是指随雨（雪）降落的沉降物。其采集方法除上述方法外,常用一种能同时对雨水中的核素进行浓集的采样器（图 5-7）。这种采样器由一个承接漏斗和一根离子交换柱组成。交换柱上下层分别装有阳离子交换树脂和阴离子交换树脂,待收集核素被离子交换树脂吸附浓集后,再进行洗脱,收集洗脱液进一步作放射性核素分离。也可以将树脂从柱中取出,经烘干、灰化后制成干样品作总 β 放射性测量。

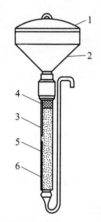

图 5-7　离子交换树脂湿沉降物采集器

1—漏斗盖；2—漏斗；3—离子交换柱；4—滤纸浆；5—阳离子交换树脂；6—阴离子交换树脂

（2）放射性气溶胶的采集　放射性气溶胶包括核爆炸产生的裂变产物,来源于人工放射性物质以及氡的衰变子体等天然放射性物质。这种样品的采集常用滤料阻留采样法,其原理与大气中颗粒物的采集相同。对于被 ^3H 污染的空气,因其在空气中的主要存在形态是氚化水蒸气（HTO）,所以除吸附法外,还常用冷阱法收集空气的水蒸气体为试样。

（3）其他类型样品的采集　对于水体、土壤、生物样品的采集、制备和保存方法,与非放射性样品所用的方法类似。

2. 样品的预处理

对样品进行预处理的目的主要有三个：一是将样品处理成适于测量的状态；二是将样品中的待测核素转变成适于测量的形态并进行浓集；三是去除干

扰核素。常用的样品预处理的方法，主要有以下几种。

（1）电化学法　通过电解将放射性核素沉积在阴极上，或以氢氧化物形式沉积在阳极上，这样分离出的核素纯度高。如果将放射性核素沉积在惰性金属片电极上，可直接进行放射性测量。

（2）共沉淀法　用一般化学沉淀法分离环境样品中的放射性核素，因核素含量很低，达不到溶度积，无法沉淀而达到分离的目的。加入毫克数量级与待分离放射性核素性质相近的非放射性元素载体，由于二者之间发生同晶共沉淀或吸附共沉淀作用，从而达到分离和富集的目的。对蒸干的水样或固体样品，可在瓷坩埚内于500℃马弗炉中灰化，冷却后称量，再转入测量盘中铺成薄层检测其放射性。

（3）衰变法　取样后，将其放置一段时间，让样品中一些短寿命的核素衰变除去，然后再进行放射性测量。

三、电磁辐射环境监测

（一）电磁辐射的含义与危害

电磁辐射是指频率低于300GHz的电磁波辐射。随着电子工业与电气化水平的不断发展和提高，广大人民生活水平的迅速提高，人为电磁辐射呈现出不断增加的趋势。电磁辐射对无线电通信、遥控、导航以及电视接收信号的干扰日趋严重，严重的甚至危及人体健康。电磁辐射的危害与电磁波的频率有关，从作用机制角度看，射频辐射的危害比较大。电磁辐射对人体的影响可归结为三种效应：热效应、非热效应和"三致"（当电磁辐射与机体发生严重的生物效应，如诱发癌细胞、引起染色体畸变等这种致癌、致畸、致突变作用称为"三致"作用）作用。

（二）电磁辐射的类型

电磁辐射依据不同的标准可以分为不同的类型，下面介绍几种常见的分类方式。

1. 以频率为标准进行分类

以频率为标准，可以将电磁辐射分为射频电磁场和工频电磁场两类。当交流电的频率达到每分钟10万次以上时所形成的高频电磁场称为射频电磁场，如移动通信基站电磁辐射场。当交流电频率低于10万赫兹时所形成的电磁场称为工频电磁场,常见于人工型电磁场源,如 50Hz 交流电的输变电系统。

2. 以电磁场本身特点为标准进行分类

以电磁场本身特点为标准,可以将电磁辐射分为近区场(感应场)和远区场(辐射场)。

(1) 近区场 近区场以场源为中心,在一个波长范围内的区域称为近区场,其作用方式主要为电磁感应,所以又称为感应场。感应场受源的距离限制,其主要有以下特点。

第一,电场强度与磁场强度没有明确的关系,因此在近区场测量电磁辐射功率密度时,电场和磁场强度都要分别测量。一般在高电压低电流的场源电场强度比磁场强度大很多;反之低电压高电流的场源附近磁场强度远大于电场强度。

第二,感应场内电磁场强度远大于辐射场的电磁场强度,且感应场内的电磁场强度随距离衰减的速度也远大于辐射场。

第三,感应场的存在与辐射源密切相关,是不能脱离场源独立存在的一种电磁场。

(2) 远区场 对应于近区场,在一个波长之外的区域称为远区场,也称为辐射场。辐射场有别于感应场,有自己的如下传播规律。

第一,电场强度和磁场强度有固定的比例关系,因此在测量远区场的电磁场强度时可以只测量电场强度。

第二,电场强度和磁场强度相互垂直,且都垂直于传播方向。

第三,对于一个固定的可以产生一定强度的电磁辐射源来说,近区场辐射的电磁场强度较大,所以,应该格外注意对电磁辐射近区场的防护。对电磁辐射近区场的防护,首先是对作业人员及处在近区场环境内的人员的防护,其次是对位于近区场内的各种电子、电器设备的防护。而对于远区场,由于电磁场强度较小,通常对人的危害较小,这时应该考虑的主要因素就是对信号的保护。另外,应该对近区场有一个范围的概念,对人们最经常接触的从短波段 30MHz 到微波段 3000MHz 的频段范围,其波长范围为 10m 到 10cm。

3. 以来源为标准进行分类

以来源为标准,可以将电磁辐射分为以下两类。

(1) 自然型电磁场源 自然型电磁场源来自于自然界,是由自然界中某些自然现象所引起的,常见的如大气与空电污染源(自然界的火花放电、雷电等)、太阳电磁场源和宇宙电磁场源。

(2) 人工型电磁场源　电磁辐射污染主要来源于人工型电磁辐射场源,也是人类能进行控制治理的辐射场源。一般将人工型辐射场源分为三类,具体如下。

① 单一杂波辐射　指特定电器设备与电子装置工作时产生的杂波辐射,它因设备与装置的不同而具有特殊的波形和强度。单一杂波辐射主要成分是工业、科研和医疗设备的电磁辐射,这类设备信号的干扰程度与设备的构造、功率、频率、发射天线形式、设备与接收机的距离以及周围的地形地貌有密切关系。

② 城市杂波辐射　可理解为环境电磁辐射人工辐射源的环境背景值,它是源于人类日常使用电气设备时释放的在空间中形成的远场电磁辐射。它是评价大环境质量的一个重要参数,也是城市规划与治理诸方面的一个重要依据。

③ 建筑物杂波　建筑物杂波一般呈现冲击性与周期性规律,主要源于变电站、工厂企业和大型建筑物以及构筑物中的辐射源。这种杂波多从接收机之外的部分串入到接收机之中,产生干扰。

(三) 移动通信基站电磁辐射环境监测

对超过豁免水平的电磁辐射体,必须对辐射体所在的工作场所以及周围环境的电磁辐射水平进行监测,并将监测结果向所在地区的环境保护部门报告。下面以移动通信基站电磁辐射环境监测为例进行讲述。

1. 监测条件

监测应选择无雨雪天气进行,现场监测工作须有两名以上的监测人员,监测时间建议在 8:00～20:00 之间。测量仪器根据监测目的分为非选频式宽带辐射测量仪和选频式辐射测量仪。进行移动通信基站电磁辐射环境监测时,采用非选频式宽带辐射测量仪;需要了解多个辐射电磁波发射源中各个发射源的电磁辐射贡献量时,采用选频式辐射测量仪。监测应尽量选择具有全向性探头的测量仪器。使用非全向性探头时,监测期间必须调节探测方向,直至测到最大场强值。

对于非选频式宽带辐射测量仪要求频率响应在 800MHz 至 3GHz 之间时,探头线性度应当优于±1.5dB,其他频率范围线性度应当优于±3dB;动态范围要求下检出限应当优于 $0.7\times10^{-3}\text{W/m}^2$ (0.5V/m),上检出限应当优于 25W/m^2 (100V/m);同时对整套测量系统各向同性偏差小于 2dB。

对于选频式辐射测量仪要求测量误差小于±3dB，频率误差小于被测频率的10倍，动态范围要求至少优于$0.7\times10^{-3}\mathrm{W/m^2}$（0.5V/m）～$25\mathrm{W/m^2}$（100V/m），各向同性偏差应当小于2.5dB。

2. 监测步骤

第一，收集被测移动通信基站的基本信息，包括移动通信基站名称、编号、建设地点、建设单位和类型；发射机信号、发生频率范围、标称功率、时间发射功率；天线数目、天线型号、天线载频数、天线增益、天线极化方式、天线架设方式、钢塔桅类型、天线离地高度、天线方向角、天线俯仰角、水平半功率角、垂直半功率角等参数。

第二，选取监测参数，要根据移动通信基站的发射频率，对所有场所监测其功率密度或电场强度。

第三，选择测量点位。监测点位一般布设在以发射天线为中心半径50m范围内可能受到影响的保护目标，根据现场环境情况可对点位进行适当调整。具体点位优先布设在公众可能达到距离天线最近处，也可根据不同目的选择监测点位。移动通信基站发射天线为定向天线时，监测点位的布设原则上设在天线主瓣方向内，必要时画出布点图。在室内测量时一般选取房间中央位置，点位与家用电器等设备之间距离不少于1m。在窗口位置监测，探头尖端应在窗框界面以内。探头尖端与操作人员之间距离不少于0.5m。对于发射天线架设在楼顶的基站，在楼顶公众可能活动范围内设监测点位。进行监测时，应设法避免或尽量减少周边偶发的其他辐射源的干扰。

第四，监测时间和读数。在移动通信基站正常工作时间内进行监测。每个测点连续测5次，每次监测时间不小于15s，并读取稳定状态下的最大值。若监测读数起伏变化较大，适当延长监测时间，减小间隔时间。测量仪器为自动测试系统时，可设置于平均方式，每次测试时间不少于6min，连续取样数据采集取样频率为2次/s。

第五，测量高度。测量仪器探头尖端距地面或立足点1.7m。根据不同监测目的，可调整测量高度。

第六，数据记录与处理。记录移动通信基站的基本信息和监测条件信息（环境温度、相对湿度、天气状况；测量起始时间，测量人员和测量仪器等）。

（四）输变电站电磁辐射环境监测

就当前而言，我国对高压输变电设施的工频电磁场强度限值进行了严格的设定。按照国家标准，工频磁场强度应该在 $100\mu T$ 以下，工频电场强度应该在 4kV/m 以下。所有这些高压输变电设施在正式投入运营之前，都必须要通过工频电磁场的环保检测。

在输变电线路测量中，参照国家颁布的 HJ 24—2014《环境影响评价技术导则 输变电工程》中的要求测 1.5m 处的工频电场强度垂直分量、磁场强度垂直分量和水平分量，理论上使用一维探头便能满足要求，但在测量工频电场总场强时，三维探头仪更加方便和准确。

测量工频电磁场时要根据不同的监测要求选择监测点位和高度。测量 500kV 超高压送变电线路的工频电磁场强度时，沿垂直于导线水平方向场强变化较大，在现场测量工作中应注意点位和高度的选择，准确定位，便于重复测量。

另外，当仪表介入到电场中测量时，测量仪表的尺寸应使产生电场的边界面（带电或接地表面）上的电荷分布没有明显畸变；测量探头放入区域的电场应均匀或近似均匀。场强仪和邻近固定物体的距离应该不小于 1m，使固定物体对测量值的影响限制到可以接受的水平之内。测量正常运行高压架空送电线路的工频电场时，根据 DL/T 988—2005《高压交流架空送电线路、变电站工频电场和磁场测量方法》的要求，测量地点应选在地势平坦、远离树木，没有其他电力线路、通信线路及广播线路的空地上，一般选择在导线档距中央弧垂最低位置的横截面方向上。

单回送电线路应以中间相导线对地投影点为起点，同塔多回送电线路应以对应两铁塔中央连线对地投影点为起点，测量点应均匀分布在边相导线两侧的横截面方向上。对于以铁塔对称排列的送电线路，测量点只需在铁塔一侧的横截面方向上布置。送电线路最大电场强度一般出现在边相外。除此之外，可在线下其他感兴趣的位置进行测量，要详细记录测量点以及周围的环境情况。

若在民房内测量，应在距离墙壁和其他固定物体 1.5m 外的区域进行，并测出最大值，作为评价依据。如不能满足上述与墙面距离的要求，则取房屋空间平面中心作为测量点，但测量点与周围固定物体（如墙壁）间的距离至少 1m。

若在民房阳台上测量，当阳台的几何尺寸满足民房内场强测量点布置要求时，阳台上的场强测量方法与民房内场强测量方法相同；若阳台的几何尺寸不满足民房内场强测量点布置要求，则应在阳台中央位置测量。

民房楼顶平台上测量，应在距离周围墙壁和其他固定物体（如护栏）

1.5m外的区域内进行,并得出测量最大值。若民房楼顶平台的几何尺寸不能满足此条件,则应在平台中央位置进行测量。

对于工频电磁场,在有导电物体介入的情况下,电场在幅值、方向上会改变,或者两者都改变了,从而形成畸变场。同时,由于物体的存在,电场在物体的表面上通常会产生很大的畸变。因此测量时,测试人员应离测量仪表的探头足够远,一般情况下至少要2.5m,避免在仪表处产生较大的电场畸变。测量人员靠得过近,会使仪表受人体屏蔽,测得电场值偏低;而当测量仪表在较高位置(甚至由测量人员手持)时,则由于人体导致仪表所在空间电场的集中,往往使测试结果偏高。测量人员手持仪表进行测量是不对的,在极端情况下可能使测得的电场值成倍地偏高。

在进行工频电磁场测量时,要及时掌握被测输变电设施的工况负荷,如线路电压和运行功率等。记录工频电磁场强度测量结果对应被测输变电设施的工况条件,以便于追溯。应在无雨、无雪、无浓雾、风力不大于三级的情况下测量。特别要关注环境湿度的变化。测量时空气相对湿度不宜超过80%,否则仪器部件可能形成凝结层,产生两极泄漏,内部测量回路被部分地短接。绝缘支撑物会对测量结果产生影响,在环境潮湿时则影响更大。如有的工频电场仪测量中木质支架使测量数值偏高,改用塑料支架后测量数据恢复正常。

第六章

现代生态环境遥感监测技术与质量控制

近年来,我国在生态环境保护方面的努力和投入逐年增大,取得了积极成效,但生态环境整体恶化的趋势仍没有得到根本遏制。区域性、局部性生态环境问题依旧突出,生态系统自我调控、自我恢复能力减弱。部分地区生态损害严重,重要生态功能退化,生态环境比较脆弱,已经直接或间接地危害到人民群众的身心健康,在一定程度上制约了经济和社会发展。与此同时,由于生态环境本身的复杂性、综合性和区域性特点,我国的生态环境工作仍是重点之一。面对严峻的生态环境形势,要想做好全国生态保护,就必须在清楚了解全国生态环境状况的基础上进行决策和管理,才能使各项工作落到实处,取得实效。这时,就需要借助于遥感技术了。在本章中,将对生态环境遥感监测技术与质量控制的相关内容进行详细阐述。

第一节 生态环境遥感技术与监测

一、遥感技术的基本认知

遥感技术是一种不断发展的探测技术,广泛应用于多个领域,尤其是生态环境监测方面。近年来,全球环境污染加剧,局部地区生态环境遭到严重破坏，遥感技术逐渐成为开展生态环境监测的有效手段。借助于遥感技术，可以及时精准明确生态环境问题，协助实施环保项目工作。

（一）遥感技术的含义

遥感即遥远地感知，亦即远距离不接触物体而获得其信息。遥感一词首先是由美国海军研究局的布鲁依特提出来的，20世纪60年代后得到了科学技术界的普遍认同和广泛运用。

广义的遥感泛指的是各种非接触、远距离探测物体的技术；狭义的遥感指的是通过遥感器"遥远"地采集目标对象的数据，并通过对数据的分析来获取有关地物目标、地区或现象信息的一门科学和技术。通常，遥感是指空对地的遥感，即从远离地面的不同工作平台上（如高塔、气球、飞机、火箭、人造地球卫星、宇宙飞船、航天飞机等）通过传感器，对地球表面的电磁波（辐射）信息进行探测，并经信息的传输、处理和判读分析，对地球的资源与环境进行探测和监测的综合性技术。

（二）遥感技术的物理基础

遥感技术的物理基础，实际上是电磁波。按波长由短至长，电磁波可分为 γ 射线、X射线、紫外线、可见光、红外线、微波和无线电波。

遥感探测所使用的电磁波波段是从紫外线、可见光、红外线到微波的光谱段。太阳发出的光也是一种电磁波。太阳光从宇宙空间到达地球表面须穿过地球的大气层。太阳光在穿过大气层时，会受到大气层对太阳光的吸收和散射影响，能量发生衰减。但是大气层对太阳光的吸收和散射影响与太阳光的波长有很大相关性。通常把太阳光透过大气层时透过率较高的光谱段称为大气窗口。大气窗口的光谱段主要有：微波波段、热红外波段、中红外波段、近紫外波段、可见光波段和近红外波段。

地面上的任何物体（即目标物），如土地、水体、植被和人工构筑物等，在温度高于绝对零度（即0K＝－273.15℃）的条件下，都具有反射、吸收、透射及辐射电磁波的特性。当太阳光从宇宙空间经大气层照射到地球表面时，地面物体就会对由太阳光产生选择性的反射和吸收。由于每一种物体的物理和化学特性以及入射光的波长不同，因此它们对入射光的反射率也不同。各种物体对入射光反射的规律叫做物体的反射光谱。

遥感图像是通过远距离探测记录的地球表面物体在不同的电磁波波段所反射或发射的能量的分布和时空变化的产物，遥感图像的灰度值反映了地物反射和发射电磁波的能力，遥感图像的灰度值与地物的成分、结构等以及遥感传感器的性质之间存在着某种内在联系，这种内在联系可以用函数关系表达，即遥感图像模式。

（三）遥感技术的特点

遥感技术的特点，具体来说有以下几个。

第一，感测范围大，具有综合、宏观的特点。遥感从飞机上或人造地球卫星上，居高临下获取航空相片或卫星图像，比在地面上观察的视域范围大得多。

第二，信息量大，具有手段多、技术先进的特点。它不仅能获得地物可见光波段的信息，而且可以获得紫外、红外、微波等波段的信息。其不但能用摄影方式获得信息，而且还可以用扫描方式获得信息。遥感所获得的信息量远远超过了用常规传统方法所获得的信息量。

第三，获取信息快，更新周期短，具有动态监测特点。遥感通常为瞬时成像，可获得同一瞬间大面积区域的景观实况，现实性好；而且可通过不同时相取得的资料及相片进行对比、分析和研究地物动态变化的情况，为环境监测以及研究分析地物发展演化规律提供了基础。

第四，空间同步性。遥感探测能在较短的时间内，从空中乃至宇宙空间对大范围地区进行观测。这些信息拓展了人们的视觉空间，为宏观地掌握地面事物的现状创造了极为有利的条件，同时也为研究自然现象和规律提供了宝贵的第一手资料。这种先进的技术手段与传统的手工作业相比是不可替代的。遥感航摄飞机飞行高度为10km左右，陆地卫星的轨道高度达910km左右，在很大程度上扩大了数据获取范围。例如，一张陆地卫星图像，其覆盖面积可达3万平方千米以上。这种展示宏观景象的图像，对地球资源和环境的监测和分析极为重要。

第五，遥感探测所获取的是同一时段、覆盖大范围地区的遥感数据，这些数据综合地展现了地球上许多自然与人文现象，反映了各种事物的形态与分布，真实地体现了地质、地貌、土壤、植被、水文、人工构筑物等地物的特征，全面揭示了地理事物之间的关联性。并且这些数据在时间上具有相同的现势性。遥感获取信息的手段多，信息量大。根据不同的任务，可选用不同波段和遥感仪器获取信息。例如可采用可见光探测物体，也可采用紫外线、红外线和微波探测物体。利用不同波段对物体不同的穿透性，还可获取地物内部信息,例如,地面深层、水的下层、冰层下的水体、沙漠下面的地物特性等。微波波段还可以全天候工作。

第六,技术高效性。遥感获取信息受条件限制少。在地球上有很多地方,自然条件极为恶劣,人类难以到达,如沙漠、沼泽、高山峻岭等。采用不受地面条件限制的遥感技术,特别是航天遥感可方便及时地获取各种宝贵资料。

第七,经济与社会高效益性。遥感技术工作效率高、成本低、一次成像多方受益的特点体现在以下几个方面:一是遥感技术是基础地理信息重要获取手段。遥感影像是地球表面的"相片",真实地展现了地球表面物体的形状、大小、颜色等信息。这比传统的地图更容易被大众接受,因此影像地图已经成为重要的地图种类之一。二是遥感技术是获取地球资源信息的最佳手段。遥感影像上具有丰富的信息,多光谱数据的波谱分辨率越来越高,可以获取红光波段、黄光波段等。高光谱传感器也发展迅速,我国的环境小卫星也搭载了高光谱传感器。从遥感影像上可以获取包括植被信息、土壤墒情、水质参数、地表温度、海水温度、大气参数等丰富的信息。这些地球资源信息能在农业、林业、水利、海洋、环境等领域发挥重要作用。三是遥感信息为应急灾害提供第一手资料。遥感技术具有不接触目标情况获取信息的能力。在遭遇灾害的情况下,遥感影像使我们能够随时方便地获取灾害影响范围、程度等信息。在缺乏地图的地区,遥感影像甚至是我们能够获取的唯一信息。

(四)遥感技术的分类

第一,遥感技术依其遥感仪器所选用的波谱性质可分为电磁波遥感技术、声呐遥感技术、物理场(如重力和磁力场)遥感技术。通常所讲的遥感往往是指电磁波遥感。电磁波遥感技术是利用各种物体/物质区射或发射出不同特性的电磁波进行遥感的,其可分为可见光、红外、微波等遥感技术。

第二,遥感技术按照传感器工作方式的不同可分为主动式遥感技术和被动式遥感技术。所谓主动式是指传感器带有能发射信号(电磁波)的辐射源,工作时向目标物发射,同时接收目标物反射或散射回来的电磁波,以此所进行的探测。被动式遥感则是利用传感器直接接收来自地物反射自然辐射源(如太阳)的电磁辐射或自身发出的电磁辐射而进行的探测。

第三,遥感技术按照记录信息的表现形式可分为图像方式和非图像方式。图像方式就是将所探测到的强弱不同的地物电磁波辐射转换成深浅不同的(黑白)色调构成直观图像的遥感资料形式,如航空相片、卫星图像等。非图像方式则是将探测到的电磁辐射转换成相应的模拟信号（如电压或电流信号）或数字化输出，或记录在磁带上而构成非成像方式的遥感资料，如陆地卫星CCT数字磁带等。

第四，遥感技术按照遥感器使用的平台可分为航天遥感技术、航空遥感技术、地面遥感技术。其中，航天遥感技术是把传感器设置在航天器上，如人造卫星、宇宙飞船、外太空空间实验室等；航空遥感技术是把传感器设置在航空器上，如气球、航模、飞机及其他航空器等；地面遥感技术是把传感器设置在地面平台上，如车载、船载、手提、固定或活动高架平台等。

第五，遥感技术按照遥感的应用领域可分为地球资源遥感技术、环境遥感技术、气象遥感技术、海洋遥感技术等。遥感的应用领域十分广泛，最主要的应用有军事、地质矿产勘探、石油勘探、自然资源调查、地图测绘、环境保护、林业、农业、自然灾害动态监测、城市规划、铁路交通、沙漠治理、工程建设、气象预报等非常广泛的领域。

第六，遥感技术按照成像方式可以分为摄影遥感和扫描方式遥感。其中，摄影遥感是以光学摄影进行的遥感；扫描方式遥感以扫描方式获取图像的遥感。

（五）遥感技术系统

遥感过程是指遥感信息的获取、传输、处理，以及分析判读和应用的全过程。遥感过程实施的技术保证依赖于遥感技术系统。遥感技术系统是一个从信息收集、存储、传输处理到分析判读、应用的完整技术体系。

1. 遥感信息的获取

遥感信息通过装载于遥感平台上的传感器获取。遥感平台是搭载传感器的工具。根据运载工具的类型划分为航天平台（如卫星，150km以上）、航空平台（如飞机，100m至十余公里）和地面平台（如雷达，0~50m）。其中航天遥感平台目前发展最快，应用最广。常用的遥感器包括航空摄影机（航摄仪）、全景摄影机、多光谱摄影机、多光谱扫描仪（MSS）、专题制图仪（TM）、高分辨率可见光相机（HRV）、合成孔径侧视雷达（SLAR）等。

2. 遥感信息的传输

遥感信息传输是指遥感平台上的传感器所获取的目标物信息传向地面的过程，一般有直接回收和无线电传输两种方式。

3. 遥感信息的处理

遥感信息处理是指通过各种技术手段对遥感探测所获得的信息进行的各种处理。例如，为了消除探测中的各种干扰和影响，使其信息更准确可靠而进行的各种校正（辐射校正、几何校正等）处理，为了使所获遥感图像更清晰，以便于识别和判读、提取信息而进行的各种增强处理等。

4. 遥感信息的应用

遥感信息应用是遥感的最终目的。遥感信息应用则应根据专业目标的需要，选择适宜的遥感信息及其工作方法进行，以取得较好的社会效益和经济效益。

二、生态环境遥感监测

生态环境指的是影响人类生存与发展的水资源、土地资源、生物资源以及气候资源数量与质量的总称。它不仅是人类生存和发展的基本条件，更是社会、经济发展的基础，其质量标志着区域社会经济可持续发展的能力以及社会生产和人居环境稳定可协调的程度。另外，生态环境是人类生存和经济社会可持续发展的基础。因此，保护生态环境、做好生态环境遥感监测是十分有必要的。

（一）生态环境遥感监测的内容

关于生态环境遥感监测的内容，将以我国为例进行详细说明。就目前来说，我国开展的生态环境遥感监测主要有以下几个方面。

1. 水环境遥感监测

对于遥感技术在水环境方面的应用，具有颇多要求以及阻碍。由于水环境相对较为隐蔽，遥感技术不仅不容易发现，而且也不容易对数据进行测量。需要对水环境的温度、深度以及有机物含量是否超标进行监测，以确保能够真实掌握水环境数据。在进行水环境管理上，遥感技术为环保部门做出突出贡献。遥感技术通过对水环境水体颜色的改变以及光谱特性对水环境进行监测，极易发现人眼不可见的异常情况。针对水环境的监测，如果数据出现异常，环保部门将会对污染问题进行分析和及时治理。

2. 大气环境遥感监测

遥感技术对于大气环境中有害气体的监测主要依靠地物反射率、边界模糊等参数进行判断。遥感技术能够将可见光反射率以及太阳光谱合并分析,不仅能够监测大气中的具体成分,还能够计算出气体含量。在与大气环境标准值进行对比后,可以判断大气环境的具体参数是否异常,所含有害气体是否超标。溶胶监测也是大气环境监测的主要监测污染物,主要监测大气环境中的液态或固态悬浮物,主要来源于工厂废弃、沙尘暴、雾霾等大气问题。大气环境溶胶监测方式主要由遥感影像以及溶胶厚度来反映。

3. 土地环境遥感监测

土地环境监测较为困难,在遥感技术的应用上将土地监测区域划分为3部分,具体如下。

第一,监测污染土地植被生长。通过遥感技术对土地污染区域植被生长情况进行监测,对反馈的生长信息进行光谱分析,对污染状态进行评估。

第二,对土壤状态进行监测。通过遥感技术对土壤状况进行监测及反馈,根据土地影像监测土壤是否存在异常。

第三,对土地资源的利用状况进行监测。利用遥感监测技术,监控土地资源的使用情况,使土地资源达到合理配置。

4. 固废污染遥感监测

针对我国当前的生态环境破坏程度,如果不能够及时进行治理,将逐渐影响人们的生产生活环境。遥感监测手段在固体废弃物监测及治理方面起着重要的作用,专业的成像设备及精准评估,能够让环保部门对存在异常情况的区域进行及时治理。由于社会的经济水平不断发展,所产生的生活垃圾以及工业垃圾会越来越多。因此,对于遥感技术对固废污染的监测和分析,以及对环境的评估,需要有关部门采取措施进行配合,保证非法排放能够受到严处,保护生态环境从城市做起。

(二)生态环境遥感监测的流程

生态环境遥感监测的流程,具体如下。

1. 筛选遥感数据源

根据研究目标、研究内容以及研究区域有针对性地选择合适的数据源,主要是选择卫星或传感器。多数情况下,选择还需要考虑经济因素。在生态环境研究中,目前可采用的光学传感器数据源较多,如Landsat的TM和ETM+、SPOT、NOAA的AVHRR、Terra的MODIS、CBERS、环境12星星座、

ALOS、THEOS、HJ-1A、HJ-1B 等。

为了避免天气的不利影响，有些监测工作，如灾害监测等，通常需要应用雷达卫星的数据；对于空间精度要求很高的研究工作，如数字城市建设、大比例尺资源环境调查、考古等专项遥感监测等，还需要在空间分辨率方面提出严格要求，通常选择米级的遥感数据作为主要信息源。就目前来说，可以选择的米级数据包括 SPOT-5、IRS、IKONOS、QuickBird、资源三号、GF-1 等。

2. 选择遥感数据时相

研究对象要求不同时间获取遥感数据，具体包括 2 个方面：在生态环境现状研究中，针对内容需要更清晰、全面反映地物信息的遥感数据，土地利用/覆盖研究一般以监测地表植被信息为主，因而多选择植被生长旺期获取的遥感数据。为了监测分析植被长势，以及区别特定植被类型，还会要求相邻时相的遥感数据。大区域作业要求相邻景之间具有最接近的时相。

生态环境动态监测与研究时，需要不同年度、相似季相的遥感数据进行对比分析；年内变化则选择不同季相的传感器遥感信息。

3. 几何纠正

几何纠正是对遥感影像进行系统几何变形和非系统几何形变进行纠正，对于一般生态监测技术人员来说，只需进行非系统几何形变就可以了，即借助地物控制点，对影像进行地理坐标的校正和形变纠正。

4. 获取专题信息

遥感数据到专题信息的转化是遥感技术应用的必要过程。该过程主要可以归纳为人机交互和计算机辅助分类与提取及其混合应用，其中人机交互式的解译分类是可靠的方法。

5. 处理与集成专题信息

信息由获取到应用，需要进行必要的数据处理与集成才能实现，一般包括图形的输入输出、图形编辑、图形处理、面积平差和分类汇总等过程。

（三）生态系统服务功能遥感监测

1. 生态系统服务功能的含义

所谓生态系统服务功能，是生态系统与生态过程所形成及所维持的人类赖以生存的自然环境条件与效用。它不仅包括各类生态系统为人类所提供的食物、医药及其他工农业生产的原料，更重要的是支撑与维持了地球的生命保障系统，维持生命物质的生物地化循环与水文循环，维持生物物种与遗传多样性，环境的净化与有害物质的降解，维持大气化学的平衡与稳定，土壤肥力的更新与维持，植物花粉的传播与种子的扩散等。2000年，联合国启动的千年生态系统评估计划是人类首次对全球生态系统的过去、现在以及未来情况进行评估，并据此提出相应管理对策的科学计划。在该计划中，生态系统服务功能的评估是核心内容之一。千年生态系统评估（MA）根据生态系统与人类福祉之间的关系，将生态系统服务划分为四大类型，即提供食物、水、木材以及纤维等方面的供给服务；调节气候、洪水、疾病、废弃物以及水质等内容的调节服务；提供消遣娱乐、美学享受以及精神受益等方面的文化服务；在土壤形成、光合作用以及养分循环方面提供的支持服务。基于全球尺度开展的评估工作，难以满足区域尺度生态系统管理的需要，而且生态系统过程和服务功能只有在特定的时空尺度上才能充分发挥其主导作用和效果，因此生态系统服务功能需要在一个特征尺度下才对景观和区域层次的保护具有意义。

2. 生态系统服务功能遥感监测的目的

生态系统服务功能的监测必须基于某一时间尺度和空间范围上开展，而遥感技术可以为开展此类监测提供连续、大范围的数据支持。

生态系统服务功能的遥感监测，主要目的是建立生态系统服务功能评估的指标体系，并针对指标体系中的每个指标，建立基于遥感数据的生态系统过程关键参数的反演算法，同时在地面观测数据的配合下，确保遥感监测数据的精度不断提高。

3. 生态系统服务功能遥感监测的指标

生态系统服务功能遥感监测的指标，具体来说有以下几个。

（1）供给功能——食物供给　对于供给功能来说，其最为核心的体现便是食物供给。同时，食物供给也是生态系统向人类及其他生物群体提供所需的各种养分、能量的能力。食物供给功能的强弱，将直接关系到一个地区的粮食安全状况，不仅影响食物的充足性，还对食物的安全和营养产生影响。食物供给功能首先要满足的是为区域提供的食物数量的多少，而提供食物数量的多少就是一个生态系统中能够固定的能量与物质的总量，包括动物体和植物体固定量的总和。从生态系统的角度看，生态系统中的初级生产者是植物，植物体生产能力的高低，将直接通过食物链的作用传导到生态系统的各个方面，对整个生态系统的食物供给能力产生影响，因此监测生态系统食物供给功能的核心是监测生态系统中植物体生产力的高低，即生态系统生物量的多少。

生态系统净初级生产力是获取生物量的一个关键的参数。所谓生态系统净初级生产力，指的是植物在单位时间单位面积上由光合作用产生的有机物质总量中扣除自养呼吸后的剩余部分，是生产者能用于生长、发育和繁殖的能量值，反映了植物固定和转化光合产物的效率，也是生态系统中其他生物成员生存和繁衍的物质基础。

（2）调节功能——水文调节　生态系统的调节功能涉及多个方面，从环境保护的角度看，一个良好的生态系统具有较强的水质自净能力，而对水质的调节主要通过对水量的调节来实现。因此，生态系统水文调节功能的强弱会直接影响到区域的水质。

一般来说，水文调节会受到多方面因素的影响，较为主要的有区域生态系统面积、多年平均产流量、多年平均降雨总量、产流降雨占总降雨的比例、生态系统减少径流的效益系数、裸地的降雨径流率等。这些参数的获取，有很大一部分是需要通过遥感技术完成的。因此，生态系统的水文调节功能也是生态系统服务功能遥感监测的一个重要指标。

（3）支持功能——土壤保护　生态系统其他各项服务功能的实现，关键是依靠支持功能是否完整。作为支撑整个生态系统的关键硬件基础，土壤的存在具有重要作用。

土壤保护功能的体现包括地表植物对土壤的保护，地下生物对土壤的保护，气候气象条件、地质条件以及人类活动对土壤的影响等，核心凝聚在土壤抗侵蚀能力上。一般而言，可以使用土壤侵蚀敏感性作为描述土壤保护功能强弱的重要参数。而区域土壤侵蚀敏感性，又可以采用地形起伏度、土壤质地、植被特征、降雨侵蚀力四个指标来确定。

4. 生态系统服务功能遥感监测的方法

（1）植被生物量的遥感监测方法　植被生物量的遥感监测方法主要有两种，即植被指数-生物量法和累积净初级生产力（NPP）法。这两种方法在特点和适用范围方面有所差异，要根据数据的可获取性与应用的具体目的来进行选择。

① 植被指数-生物量法　实验证明，植被指数与植被生物量具有较好的关系，因而可以通过植被指数-生物量法估算生物量，即根据各样方的森林/草地生物量干重和其对应的基于遥感数据的归一化差异植被指数（NDVI）、增强植被指数（EVI）等植被指数值，通过建立两者之间的线性模型或非线性模型

来反演森林/草地生态系统的生物量,具体植被指数及回归模型的选择取决于模型拟合及验证结果。

生物量的来源是地面观测,其计算及获取方法是,通过设置森林、草地样地,调查单位面积内地上干生物量重。

植被指数的来源是 MODIS 陆地二级标准数据产品,其计算及获取方法是,MODIS 陆地二级标准数据产品(MOD 13)可以从美国航空航天局(NASA)的数据分发中心免费下载,包括 250m 的 NDVI 与 EVI。

② 累积 NPP 法 对于草地、农田生态系统来说,其生物量的估算可以采用累积 NPP 法进行估算,即通过草地或农田的生长期(开始生长时间与结束生长时间)的确定,对生长期内的 NPP 进行累加以计算地上生物量。

NPP 为净初级生产力,可通过 NPP 估算方法进行求取,计算公式为:

$$NPP=APAR(t)\times\varepsilon(t)$$

式中,t 表示月份,APAR(t)则表示系统在 t 月吸收的光合有效辐射(gC/m^2),$\varepsilon(t)$ 表示系统在 t 月的实际光能利用率(gC/MJ)。

(2)水文调节功能的遥感监测方法 降水贮存量法是水文调节功能遥感监测的主要方法。所谓降水贮存量法,就是用森林生态系统的蓄水效应来衡量其涵养水分的功能。对此,可用下面的公式表示:

$$Q=AJR$$
$$J=J_0K$$
$$R=R_0-R_g$$

式中,Q 是与裸地相比较,森林、草地、湿地、耕地、荒漠等生态系统涵养水分的增加量,$mm/(hm^2 \cdot a)$;A 是生态系统面积,hm^2;J 是计算区多年均产流降雨量($P>20mm$),mm;J_0 是计算区多年均降雨总量,mm;K 是计算区产流降雨量占降雨总量的比例;R 是与裸地(或皆伐迹地)比较,生态系统减少径流的效益系数;R_0 是产流降雨条件下裸地降雨径流率;R_g 是产流降雨条件下生态系统降雨径流率。

以秦岭—淮河一线为界限,将全国划分为北方区和南方区。而北方降雨较少,降雨主要集中于 6~9 月份,甚至一年的降雨量主要集中于一两次降雨中。南方区降雨次数多,强度大,主要集中于 4~9 月份。因此,建议北方区 K 取 0.4,南方区 K 取 0.6。

根据已有的实测和研究成果,结合各种生态系统的分布、植被指数、土壤、地形特征以及对应裸地的相关数据,可确定全国主要生态系统类型的 R

值。表6-1是主要森林生态系统的 R 值。其他草地、灌木林、沼泽等生态系统的 R 值有待于进一步确定。

表6-1 中国主要森林生态系统类型 R 值

森林类型	寒温带落叶松林	温带针叶林	温带亚热带落叶阔叶林	温带落叶小叶疏林	亚热带常绿落叶阔叶混交林	亚热带常绿阔叶林	亚热带、热带针叶林	亚热带、热带竹林	热带雨林、季雨林
R	0.21	0.24	0.28	0.16	0.34	0.39	0.36	0.33	0.55

而冰川、湖泊、河流、水库等湿地生态系统水源涵养量为系统平均储水（蓄水）量。

生态系统的面积可以通过统计遥感提取得到的生态系统一级类型和二级类型的面积来获取，生态系统一级类型和二级类型的提取方法如下。

生态系统分类方法基于面向对象的技术，引入非影像光谱信息强化目标的识别能力。作业平台基于超级计算的、并行处理的构架，实现快速、高效的分类技术运作。作业流程方面采用分区分块、拼接成图的积木式方式，有效地控制制图质量，提高作业效率。具体流程分为影像预处理、作业分区、派生参数提取、尺度分割、解译标志库建立、决策树建立、分类运行。遥感数据和辅助数据在数据预处理后，基于超级服务器，将数据进行区、块、形三级作业分区，分区过程中进行不同时相的影像配准与拼接。为减少数据冗余，将多时相的影像生成可利用的派生分类参数，基于并行处理的方式，进行多尺度的数据分割，提取对象的空间、光谱与纹理信息；通过野外分层采样框架，建立数据解译标志库，利用样本的解译标志特征，建立基于分区、分类的决策树，进行分区块、分类，并根据各区块的景观差异，进行决策树优化、再分类。

具体来说，解译标志库建立平台以 eCognition 软件为支撑，以预处理后数据层和派生信息为基础，提取采样点的解译信息，将采样区内的数据导入 eCognition 后，利用软件的 Sampling 工具，在影像上按空间位置分类选取采样点的影像和辅助数据的信息，生成最终分类需要的各类参数的采样点图谱信息。采样点视窗可以显示每个采样点各参数的阈值范围、频度、方差。若具有同样时间邻近采样区的影像，其采样点图谱可以共享，参与决策树建立的分析。

面向对象技术的实现是通过非监督分类、监督分类二次处理过程完成，采用决策树分析方法，通过采用人工与自动相结合的方式，对于影像光谱划分机理清楚的类型采用人工建树方法，对于类型的光谱变化比较大、规律不清楚的类型采用自动方法（最邻近方法）。建树分两个阶段，采用层次分类方法和最邻近方法。第一层次为人工建树方法，主要针对大光谱特征、时间过程有明显的差异的一级分类或大类，规律性较强，如水面与非水面、植被与非植被、落叶与非落叶等信息，在此基础上进一步自动方法细分类型。

在建立决策树时，需要经过两个阶段，即层次分类方法和区域类型的最邻近方法。由于各区块的地物类型和景观差异性，每个区块的决策树不可能相同，但基础的大类都是存在的，并具有相同的光谱特征。为此，决策树顶层采用统一的结构，根据土地覆盖类型的特征与光谱规律，顶层决策树分为四层：水面与非水面、植被与非植被或线性与非线性、耕地与非耕地、落叶与非落叶。下层依据区域特征进一步设计，通过对象的解译标志库和样本训练，建立分类决策树的指标与决策树结构，通过决策树的分级，进行类型的不断提纯，最终达到单个类别划分的结果。对于类型光谱复杂，采用最邻近方法进行划分，可选取多个光谱特征中心进行类型分组，如建设用地1、建设用地2等，最终合并、汇总。

（3）土壤保护功能的遥感监测方法　土壤保护功能的遥感监测重点是对土壤侵蚀模数的监测，可以根据降雨、坡度坡长、植被、土壤和土地管理等因素对生态系统土壤保护功能的强弱进行评价。

一般来说，可以采用水土流失方程进行评价，在具体计算时，需要利用已有实测的土壤保持数据对模型模拟结果进行验证，并且修正参数。具体的计算公式如下：

$$USLE_x = R_x K_x LS_x C_x P_x$$

式中，$USLE_x$ 表示栅格 x 的土壤侵蚀量；R_x 为栅格 x 的降雨侵蚀力；K_x 为栅格 x 的土壤可蚀性因子；LS_x 为栅格 x 的坡度-坡长因子；C_x 为栅格 x 的植被覆盖因子；P_x 为栅格 x 的人为管理措施因子。

（四）自然保护区生态环境遥感监测

自然保护区是为了保护典型生态系统、拯救珍稀濒危野生生物物种、保存重要自然历史遗迹而依法建立和管理的特别区域。自然保护区能为人类提供生态系统的天然"本底"，是各类自然生态系统和野生生物物种的天然贮存库，对于保护自然环境、保护物种等自然资源和维护生态平衡具有重要意义，在国民经济建设和未来社会发展中也具有重要的战略地位。

近年来，随着工业化、城镇化的加速推进，保护与开发的矛盾日益突出，自然保护区经济开发活动日益增多，自然保护区发展面临的压力不断加大，出现生态系统不断退化的严峻局面，也导致自然保护区生态系统功能严重受损，生态系统健康水平下降，直接威胁到保护区的可持续发展。在此背景下，迫切需要利用新的手段对自然保护区的人类活动和生态系统健康进行全方位监测，而遥感具有宏观性、实时性和综合性等特点，是开展全国自然保护区综合监管的最佳手段。在这里，将从针对保护区人类活动和生态系统健康评价两个方面着手，对自然保护区生态环境遥感监测进行详细阐述。

1. 自然保护区人类活动遥感监测

(1) 自然保护区人类活动遥感监测的内容　自然保护区人类活动遥感监测的内容，主要有以下两个。

① 自然保护区人类活动遥感监测　以遥感影像数据为基础，采用遥感分类解译的方法，提取自然保护区的农业用地、居民点、工矿用地、采石场、能源设施、旅游设施、交通设施、养殖场、其他人工设施等人类活动信息，对自然保护区人类活动的面积、数量和百分比进行统计。

② 自然保护区人类活动野外核查　根据遥感监测提取的人类活动斑块的经纬度信息，到实地进行定位、验证，并记录其所在功能区、建成时间、设施现状、相关审批手续、存在问题等。

(2) 自然保护区人类活动遥感监测的指标　自然保护区人类活动遥感监测指标见表6-2。

表6-2　自然保护区人类活动遥感监测指标

内容	指标	数据源
自然保护区人类活动遥感监测	各人类活动面积/数量/百分比	解译矢量
	不同功能区各人类活动面积/数量/百分比	解译矢量
	不同功能区各人类活动空间分布	解译矢量
自然保护区人类活动	敏感人类活动经纬度	实地核查
	设施名称	实地核查
	建成时间	实地核查
	设施现状	实地核查
	相关审批手续	实地核查
	存在问题	实地核查

(3) 自然保护区人类活动遥感监测的数据来源与处理

① 数据源

遥感数据：监测年成像的 30m 以下、云量覆盖小于 10%、影像质量良好的高空间分辨率遥感影像。有条件的地区优先选取 10m 以下高空间分辨率遥感影像。

保护区边界数据：自然保护区最新的矢量边界和功能分区，边界数据为 shp 格式。

② 遥感数据处理　遥感影像处理，通常来说要包括波段组合、几何精校正、图像镶嵌与图像裁切等处理过程。

波段组合：原始遥感影像一般都是单波段（黑白），需要利用遥感波段组合功能，把单波段影像组合到一起获得良好的显示效果（彩色）。

几何精校正：原始遥感影像有几何畸变，需要利用地面控制点对遥感图像进行几何精校正，主要包括方法确定、控制点输入、像素重采样和精度评价。其中，确定校正方法是根据遥感影像几何畸变的性质和数据源的不同确定几何校正的方法，一般选择多项式校正方法；控制点输入一般要求均匀分布在整幅遥感影像上，尽量选择明显、清晰的定位识别标志，如道路交叉点等特征点；重采样是对原始输入影像进行重采样，得到消除几何畸变后的影像，一般选用双线性内插法；精度评价是将几何精纠正的影像与控制影像套合，检验精度，要求几何校正精度在 10m 以内。

图像镶嵌：对于面积较大的自然保护区而言，需要多景图像才能覆盖，需要进行图像镶嵌。在进行这一步骤时，要注意指定参考图像，其作为镶嵌过程中对比匹配以及镶嵌后输出图像的地理投影、像元大小、数据类型的基准。同时，要注意在重叠区内选择一条连接两边图像的拼接线，进行图像镶嵌。

图像裁切：镶嵌后的图像需要用自然保护区边界裁切出来，得到每个自然保护区的遥感图像。在进行这一步骤时，要注意转换矢量边界投影，与纠正好的遥感图像一致。同时，要注意利用遥感软件，将图像用保护区边界裁切出来。

③ 矢量边界处理　矢量边界处理包括投影转换、功能分区赋值等过程。其中，投影转换指的是当矢量边界与自然保护区遥感图像不一致时，需要将矢量边界的投影转换成纠正好的图像投影，一般选用动态转换的方式变换投影。功能分区赋值指的是利用 GIS 属性编辑功能，对保护区功能分区矢量编辑的属性进行编辑，核心区赋代码为 1，缓冲区赋代码为 2，实验区赋代码

为 3。

2. 自然保护区生态系统健康评价

（1）自然保护区生态系统健康评价的内容　这里选择 OECD（联合国经济合作与发展组织）建立的压力-状态-响应框架模型作为自然保护区生态健康评价的基础。这一框架模型具有非常清晰的因果关系，即人类活动对环境施加了一定的压力；因为这个原因，环境状态发生了一定的变化；而人类社会应当对环境的变化作出响应，以恢复环境质量或防止环境退化。而这三个环节正是决策和制定对策措施的全过程。

（2）自然保护区生态系统健康评价的指标　自然保护区生态系统健康评价的指标，主要有以下几个。

① 压力指标　这一指标主要描述人类干扰对自然保护区带来的影响和胁迫，其中自然干扰是无规则、不稳定、难以度量，人类干扰主要指以人类活动为主的生态动力源。

② 状态指标　这一指标反映自然保护区的结构和功能，具有活力、稳定和自调节的能力。评价生态系统是否健康可以从活力、组织结构和恢复力等 3 个主要特征来定义。活力表示自然保护区生态系统功能，可根据新陈代谢或初级生产力等测量；生态系统的组织结构是指系统的物种组成结构及其物种间的相互关系，反映生态系统结构的结构和功能；恢复力也称抵抗能力，根据胁迫出现时维持系统结构和功能的能力评价，当系统变化超过其恢复力时，系统立即"跳跃"到另一个状态，很多学者用弹性度来反映该指标。自然保护区生态状态指数表达式如下：

$$NRSI = VOR$$

式中，NRSI 为自然保护区生态系统状态指数；V 为自然保护区生态活力指数；O 为自然保护区生态组织指数，用 0～1 间的数值来表示；R 为自然保护区生态弹性指数，用 0～1 间的数值表示。

③ 响应指标　自然保护区受到人类干扰时，会出现一系列的变化，包括人类社会经济活动的变化。人类的反映可以通过以下指标来体现：一是与人类经济生产有关的指标，包括人均国内生产总值、财政收入、产业结构等；二是与人类健康有关的指标，包括各种污染物的排放等。

在压力状态响应框架模型的基础上，构建 3 个层次的自然保护区生态健康评价指标体系。第一层次是项目层，即压力、状态、响应 3 个项目；第二层次是评价因素层，即每一个评价准则具体由哪些因素决定；第三层次是指标层，即每个评价因素由哪些具体指标来表达，同时给出每个指标层的数据来源和获取方式，构建了三个层次的生态系统健康评价指标体系，同时给出每个指标层的数据来源和获取方式（表6-3）。

表6-3 自然保护区生态健康评价指标体系

项目层	评价因素层	指标层	指标来源和获取方式
压力指标	压力	人口密度	统计数据
		人类干扰强度	土地利用数据
状态指标	活力	归一化植被指数	环境一号卫星CCD数据
	组织	景观多样性指数	土地利用数据
		斑块丰富度	土地利用数据
		平均斑块面积	土地利用数据
		景观破碎度	土地利用数据
	弹性	生态弹性度	土地利用数据
响应指标	变化	自然保护区面积变化比例	土地利用数据

（3）自然保护区生态系统健康评价的因子

自然保护区生态系统健康评价的因子，主要有以下几个。

① 生态弹性度 生态弹性度（EEI）的计算公式如下：

$$\text{EEI} = \sum_{i=1}^{n} \left| \frac{S_i \times F_i}{S} \right|$$

式中，EEI为生态弹性度；S_i为i类土地利用类型的面积；F_i为i类土地利用的弹性度分值；S为研究区总面积。不同土地利用的弹性度主要参照专家经验法并考虑当地的实际情况确定。

② 人类干扰强度 人类干扰强度（HIS）计算公式如下：

$$\text{HIS} = \frac{\sum S_c + S_a + S_t}{S} \times 100\%$$

式中，HIS是人类干扰强度；S_c、S_a、S_t分别是建设用地、农业用地、道路用地的面积；S是研究区总面积。

③ 自然保护区面积变化 自然保护区面积变化，可通过下面的公式得出：

$$C = \frac{A_j - A_i}{A_i} \times 100\%$$

式中，C为自然保护区面积变化比例；A_j、A_i分别为自然保护区期末和期初的面积。

由于指标体系中的各项评价指标的类型复杂，各系数之间的量纲不统一，各指标之间缺乏可比性。有些指标与保护区生态健康呈正相关，如归一化植被指数；有些呈负相关，如人类干扰强度。因此，在利用上述指标时，必须对参评因子进行标准化处理。

根据各评价指标对自然保护区生态健康的贡献大小，采用专家经验法对项目层和指标层的评价指标进行权重分配，项目层指标权重分配为：压力是0.4，状态是0.4，响应是0.2。

采用加权求和的方法来实现自然保护区生态健康评价。将评价单元各因子量化值与权重相乘并求和，获得该评价单元的综合评价指数值：

$$EHI = \sum_{i=1}^{n} W_i \times C_i$$

式中，EHI 为生态健康指数；W_i 为 i 因子权重值；C_i 为 i 因子无量纲量化值。

依据计算出的自然保护区生态健康评价指数确定出健康级别，具体分级区间见表6-4。

表6-4 自然保护区生态系统健康指标分级

健康状态	定性描述
很健康	人为干扰很小或几乎没有,生态系统基本维持原始结构和功能
健康	人为干扰强度小于系统自调控阈值,城市河流生态系统保持一种动态的平衡
亚健康	人为干扰强度超过系统自调控阈值,生态系统结构和功能改变,生态质量不断下降,但可通过人工或自然恢复对其进行改善
不健康	生态系统进一步恶化,其自然恢复难度加大,采取人为调控进行人工恢复,其恢复的可能性较大
严重不健康	生态系统恶化严重,即使采取人工调控,恢复的可能性也较小

第二节 生态环境质量控制与保证

一、生态环境质量控制与保证的含义

生态环境质量控制是指检查监测人员的数据是否满足预期质量要求，并给出改进建议。目前，在生态环境监测与评价中质量控制是由质量检查这一环节

实现的,即中国环境监测总站制定质量检查的细则,全国各省(市、区)分为五个小组,小组与小组之间通过互相检查的方式,发现数据存在的问题。

质量控制是针对保证监测质量的技术手段,而质量保证是针对保证监测质量的管理手段。质量保证致力于按照正确方法、在正确的时间做正确的事情,从做事方法上按照既定流程来保证监测质量,控制监测工作而不是解决具体存在的问题。更确切地说,质量保证并非"保证质量",而是"过程管理",以确保监测根据一套成熟可靠的方法开展和实施。依靠在质量保证制约下的监测过程,能够前瞻性地从制度上保证监测数据的质量。因此,从事生态监测的单位,要逐渐建立良好的质量保证(QA)管理。具有质量保证的单位要确保成员理解这些要求,这主要是在监测管理层面上,与监测的管理者、组织者有关。

目前,我国环境保护中生态环境监测的质量保证制度尚处于探索测试阶段。全国生态环境监测与评价工作作为国家的一项例行监测任务,中国环境监测总站负责控制监测方案,生态环境部印发通知实施,全国生态环境监测网络成员单位具体执行。在项目实施过程中,形成了遥感图像选择与订购、遥感图像几何纠正、室内解译、野外核查、质量检查等一系列的制度和技术规程。

相对于水、气、噪声等要素的质量保证和质量控制,生态环境监测的质量保证和质量控制处于初级尝试阶段,有许多值得探讨的领域和需要改进的方面。

二、生态环境质量控制与保证的原则

生态环境质量控制与保证的原则,主要有以下几个。

(一)前瞻性原则

生态环境监测是环境监测的新领域,不同学科对生态环境的定义和内涵有不同的规定,生态遥感数据的时间、光谱和空间分辨率等不断提高,数据源越来越丰富,环境管理者对生态环境信息的需求日趋紧迫,因此生态环境监测中质量保证和质量控制计划要能够根据生态监测工作各个环节特征,根据生态环境理论和遥感技术的发展,预测影响生态环境监测数据质量的各种可能,在新产品更新上做出预测性规定。

(二)全面性原则

这一原则指的是生态环境监测所涉及的内容要尽可能全面,包括数据源选择、图像数据选择、图像几何纠正、室内解译、野外核查、室内更正等。

（三）可实现性原则

这一原则指的是生态环境监测中质量保证和质量控制要具有可实现性，涉及的技术不一定是最好的、最先进的，但必须是成熟的，可以大范围地普及应用，经过培训的技术人员按技术方案或者技术手册可以实现，而且结果具有可比性，能够生产系列的产品数据。

三、生态环境监测中质量控制的技术环节

生态环境监测中质量控制的技术环节，主要有以下几个。

（一）原始图像数据质量控制

1. 选择图像数据源

在选择图像数据源时，要充分考虑到区域特征和图像特征。其中，区域特征包括研究区域所处的地理位置、研究区域面积大小、研究区地貌特征、植被类型及复杂程度，另外拟定的监测目标和研究区生态问题也是影响生态遥感监测数据源选择的重要方面。其中监测目标是决定数据源的重要方面，监测目标直接决定生态信息的种类、详细程度。因此，对数据源具有决定性作用。另外，特殊区域如西藏、新疆西部、海南等地区原北京接收站不能覆盖，因此有些卫星数据难以获得，在喀什和海南接收站建立之前，这些区域的卫星数据需要协调其他国家才能获得。一般研究区域越小，景观类型越复杂，要求遥感数据的空间分辨率越高。图像特征是指遥感图像的空间、时间和光谱分辨率，以及区域重复覆盖率。一般空间分辨率越高，利用遥感信息获取的地物信息越详细，精度越高，但所需投入的工作量就越大。根据目前遥感图像光谱分辨率可以分为全色、多光谱和高光谱，一般光谱分段越多，光谱的信息就越弱，提取技术要求越高。全色的光谱信息强，空间分辨率高，但图像解读受限制，尤其对目视解译而言。高光谱图像适用于水环境污染成分、大气成分和污染成分等特征物解译需求。

2. 图像数据质量

一般来说，图像数据质量涉及云量控制、时相选择、目测评估数据概况等多个方面。

（1）云量控制　云量控制要求单景云量小于 10%，敏感区域或者容易发

生变化的区域要求云量为零,受人为干扰影响比较小的不易发生变化的区域云量控制在20%即可。

(2) 时相选择 时相要求方面,不同地区需要不同时相的数据,以Landsat TM 的 Row 号来说,Row 号在(21~32),时相为6~9月;Row 号在(33~40),时相要求5~10月;Row 号在(40~47),时相要求10月至翌年1月;特殊地区,如青藏高原,时相要求6~9月份。如果条件允许的话,为了更好地区分地物信息,可以选择不同季相的数据互补使用。例如根据树木生长特征,利用夏冬两个季相的图像可以将同一个地区的针叶林和落叶阔叶林区分开。

(3) 目测评估数据 一般图像检索时都有快视图参考,因此在选择数据时要根据快视图对数据质量做初步估计,选择没有断带,没有明显的噪声,4(R)3(G)2(B)色彩饱和度好的图像。对新卫星的数据进行选择试用时要利用灰度直方图、灰度均值、标准方差、图像信噪比等方法对图像进行评估。

一般情况下,不同卫星数据的轨道不同,图像之间接边处理比较困难,因此每次全覆盖图像以一种卫星图像为主,但有时由于云量、数据源等限制,同一地区的数据可以使用不同月份的数据互补,以节约数据经费和接连处理工作。

3. 选择波段组合

遥感图像波段信息的选择主要根据需要提取的信息特征,以Landsat TM 的波段特征为例,其六个波段具有以下特征。

(1) 蓝波段 ($0.45\sim0.52\mu m$) 对叶绿素和夜色素浓度敏感,对水体穿透强,可区分土壤与植被、落叶林与针叶林,可判别水深及水中叶绿素分布、水华等。

(2) 绿波段 ($0.52\sim0.60\mu m$) 对健康茂盛植物的反射敏感,按绿峰反射评价植物的生活状况,区分林型、树种和反映水下特征。

(3) 红波段 ($0.62\sim0.69\mu m$) 叶绿素的主要吸收波段,反映不同植物叶绿素吸收,植物健康状况,用于区分植物种类与植物覆盖率,为可见光最佳波段,广泛用于地貌、岩性、土壤、植被、水中泥沙等。

(4) 近红外波段 ($0.76\sim0.96\mu m$) 对无病害植物近红外反射敏感,对绿色植物类别差异最敏感,为植物通用波段,用于牧业调查、作物长势测量、水域测量、生物量测定及水域判别。

(5) 中红外波段 ($1.55\sim1.75\mu m$) 对植物含水量和云的不同反射敏感,处于水的吸收波段,用于土壤湿度植物含水量调查、作物长势分析,可判断含水量和雪、云，包含的地物信息最丰富。

（6）中红外波段（2.08～3.35μm）　为地质学常用波段，处于水的强吸收带，水体呈黑色，可用于区分主要岩石类型、岩石的热蚀度、探测与交代岩石有关的黏土矿物等。

（二）几何纠正质量控制

几何纠正中质量控制主要包括4个方面：GCP点的检查、采样方法、采样后影像存储格式和命名、几何纠正精度检查。本部分以30m分辨率遥感图像为主，随着遥感图像分辨率的提高，各质量控制参数将会相应调整。

1. GCP点的检查

GCP点的检查主要是对技术人员在几何纠正中选择的控制点进行监测，主要包括以下几个方面。

（1）GCP点位位置主要选择在道路交叉点、固定裸岩、固定水渠等不易发生变化的点状或线状要素交叉点或者拐角点，不能选择易变河流、山区隐影、扩展的村庄等。

（2）GCP个数密度要求：前四个点尽量均衡分布在四个角上，手动选择GCP点密度是30km×30km上一个，在山区或影像变形比较大、不易纠准的区域要适当增加点密度；自动纠正GCP点密度根据每景影像情况而定。

（3）GCP误差参考值：X和Y的误差在30m之内，RMS Error（均方根误差）均小于1。

（4）GCP检查中值得注意的是一定要检查技术人员是否保存了GCP点，GCP点分待纠图像的点和控制图像的点，要分别命名，且每年均要保存。

2. 选择采样方法的选择

几何纠正的采样方法，主要由以下几种。

（1）最邻近法　最邻近法，就是将最邻近的像元值赋予新像元。这种采样方法的优点是不引入新的像元值，适合自动分类前使用；有利于区分植被类型和湖泊浑浊程度、温度等，计算简单、速度快。

最大可产生半个像元的位置偏移，改变像元值的几何连续性，线状特征会被扭曲或者变粗成块状，将严重改变图像的纹理信息。

（2）双线性插值法　双线性插值法是使用邻近4个点的像元值，按照其据内插点的距离赋予不同的权重,进行线性内插。其优点是图像平滑,无台阶现象。线状特征的块状化现象减少;空间位置精度更高。其缺点是像元值被平均,有低频卷积滤波的效果,破坏了原来的像元值,在波谱识别分类中会引起一些问题。边缘被平滑,不利于边缘检测。

(3) 三次卷积法 三次卷积法是使用内插周围的 16 个像元值,用三次卷积函数进行内插。其优点是高频信息损失少,可将噪声平滑,对边缘有所增强,具有均衡化和清晰化的效果。其缺点是破坏了原来的像元值,计算量大,内插方法的选择除了考虑图像的显示要求及计算量外,在做分类时还要考虑内插结果对分类的影响,特别是当纹理信息为分类的主要信息时。

一般区域以双线性插值法为主,复杂的山区影像以三次卷积法为主。自动纠正一般选择双线性插值法。同时值得注意的是采样像元的大小一定要与原始图像的像元相同。

3. 精度控制

要求纠正后图像景内空间坐标误差(与控制图像对比)x 坐标和 y 坐标均小于 15m,即小于 Landsat TM 半个像元,景与景之间接边小于 30m,山地 2 个像元,高山区可放宽到 3 个像元。

4. 图像格式和命名

在全国生态环境监测与评价中,采样后图像存储格式为 Erdas 的 img 格式,每幅图像均有 *.img 和 *.rrd 两个文件。命名有两种情况,具体如下。

第一种情况,以景为单元的图像命名:采用 Path+Row+接收年+接收月和日+波段组合,如 Path 号为 120,Row 号为 25,由头文件读出此景图像接收时间为 2006 年 6 月 25 日,波段组合为:R(4)G(3)B(2),则采样后图像命名为:12002520060625432.img。

第二种情况,以县为单元的图像命名:传感器名称+行政代码.img。注意影像命名尽量不用中文名。每年上报的数据可以附带一个县代码和名称对应表,包括与上年相比行政区界变化情况的描述。

5. 检查图像精度

在几何精度检查中,应注意以下两点。

第一,每景图像至少在全景范围内均匀抽样检查,最少选择 16 处,遇有山区地貌类型抽样点要加倍。

第二,每次均要放大到像元级,选择明显标志物检查 X 和 Y 向误差。比例尺较小时,不能看出误差,比例尺放大时,可以看出误差,但需要将影像放大到像元才能分析具体误差值。

6. 图像镶嵌

图像镶嵌以前,要求完成各波段图像的灰度匹配并进行接边纠正处理,使镶嵌边界达到平滑过渡,接边误差小于1倍像素分辨率;镶嵌时,避免利用建筑物、线性地物作为拼接边界,对于山区影像,应人工选取拼接边界,避免使用简单的矩形镶嵌;镶嵌后图像要求清晰、色彩均匀。完成校正、配准、镶嵌的遥感图像,需要完成校正、配准、镶嵌质量跟踪表。

(三) 解译过程质量控制

本部分以30m分辨率遥感图像为主,随着遥感图像分辨率的提高,各质量控制参数将会相应调整。

1. 判读提取目标地物的最小单元

一般规定变化的面状地物应大于4×4个像元($120m \times 120m$),线状地物图斑短边宽度最小为2个像元,长边最小为6个像元;屏幕解译线划描迹精度为两个像元点,并且保持圆润。

2. 判读精度要求

各图斑要素的判读精度具体如下:一级分类>90%,二级分类>85%,三级分类>80%。

3. 其他要求

第一,解译图层最终为Arc Info cov格式。

第二,多边形全部为闭合曲线。

第三,没有出头的Dangle点。

第四,断线尽量少。

第五,利用Clean/Build建立拓扑关系,容限值为10。

第六,多边形没有多标识点或无标识点的现象。

第七,没有邻斑同码、一斑多码、异常码(非分类系统编码和动态变化码)等。

第八,具有多边形拓扑关系。

4. 接边处理

接连是指相邻区域(以县或者网格为单元)解译图层之间的边界处理,包括以下几个方面的内容。

第一，相邻图层相同类型斑块的平滑处理。

第二，相邻图层同一类型出现不同解译类型的更正处理。

第三，相邻图层拼接，去除相邻图层之间的拼接线。

5. 命名

命名包括现状图层的命名和动态图层的命名。

（1）现状图层的命名　省级图层名称命名为"id+年份"，"年份"是数据实际年份，比如，2010年全国生态监测与评价工作中上报数据时，省级图层命名的时候就是"id2009"。县级图层命名是"id+县域行政代码"。

（2）动态图层的命名　省级动态图层名称命名为"dt+上一年份—现状年份"，比如，2010年全国生态监测与评价工作中，动态图层命名就是dt2008—2009。县级动态图层为"dt+县域行政代码"。

6. 图层字段要求

现状图层有四个字段，分别为 area（图斑面积）、perimeter（图斑周长）、*-♯（图斑序列码）、*-id（土地利用/覆被代码）；

动态图层有六个字段，分别为 area（图斑面积）、perimeter（图斑周长）、*-♯（图斑序列码）、*-id（土地利用/覆被代码），id××（××年土地利用/覆被代码）和id××+1（××年后一年土地利用/覆被代码）。

注："*"表示图层名称。

7. 动态变化的编码方法

以2006～2007年为例，动态变化的区域以六位编码表示，前三位码表示该区域变化前（2006年）的土地利用类型代码，后三位码表示该区域变化后（2007年）的土地利用类型的代码，土地利用类型代码为两位的，均在前面以"0"补足。在本次解译中发生围海造陆地的区域要解译成动态，动态编码前三位是海域编码047，后三位是新生成陆地用地类型的编码，如围海造田生成陆地作为工业建设用地，则编码应该为047053。

（四）野外核查质量控制

1. 采样点数量与空间分布要求

（1）典型地物核查点的要求　典型地物核查点要求有以下几个。

第一，根据本次遥感监测与评价选择的数据源、判读精度的要求，选择的典型地物至少要求在120m×120m以上的野外地物，即影像上为4×4个像元（最小判读单元）。

第二，要求按每5~10km选择1个点进行，选择的地物类型较为齐全，避免对同一种地物重复选择，以保证抽样调查的可靠性。

第三，记录核查地物的地理位置、环境特征。

第四，拍摄地物的景观相片，要求至少拍摄全景和本地物特征各一张、拍摄时将相机设置成在数码图像显示拍摄时间和日期。

第五，在表格上记录并判断正误。

第六，各省核查点要求在300个以上。

（2）地类边界准确性核查要求　地类边界准确性核查要求主要有以下几个。

第一，针对野外地物变化明显的地区选点，通过目标记录定位坐标和定位所在点各方位的地物类型，室内通过对图像、专题判读内容进行边界准确性评价。

第二，边界选择要求各省在100个左右。

2. 野外调查数据精度要求

地面调查GPS定位精度要求经纬度定位数据精度优于2m，高程数据精度优于5m。调查表格要求各项属性填写完整、正确，对漏测项进行解释说明，照片要求目标清晰且命名规范。

3. 拍摄照片的要求

拍摄照片的要求，主要有以下几个。

第一，每点提交14.7cm×10cm全景、典型地物类型相片各一张，分辨率为300Dpi。

第二，数据存储格式为JPEG图像格式，即*.JPG，电子表格利相片制成光盘上报。

第三，文件命名采用17位命名法，第1位为M（Map第一个字母），第2~7位为所在地区的行政区编码，第8~13位为年月日（YYMMDD，如060603表示2006年6月3日），第14~16位为相片编码（如005表示第5幅相片），第17位表示图片类型，其中P表示全景相片，T表示典型地物。如M4301010606088005P.JPG表示为在湖南长沙某核查点拍摄的第5号点全景相片，时间为2006年6月8日。

4. 野外核查报告

一般来说，野外核查报告要包括以下几方面的内容。

第一，本次核查总体情况说明。

第二，判读存在的主要问题。

第三，野外景观数据库、地面标志数据库建立情况说明（包括路线图、定点图、数字图像等）。

第四，建议。

5. 人员及装备要求

每条路线要求配备3～4人，其中司机1名，熟悉环境背景专业人员1名，记录、拍摄、定位人员1～2名。

野外复核的主要设备包括：交通工具（汽车）、笔记本电脑、GPS仪、数码相机一台、望远镜、复印表格、圆珠笔或铅笔等。

6. 提交成果

提交成果包括核查路线记录资料、核查各路线的记录资料电子表格、调查报告和核查照片。

（五）解释准确率评价

1. 评价方法

遥感解译准确率通常有以下几种评价方法。

第一，利用野外核查结果评价，得到总体准确率和各类型准确率，受核查点位数量有限的限制。

第二，在不同区域（平原、山区、林区、草原、农区等），选择利用高分图像（CB-02B的HR图像、QuickBird、SPOT、IKONOS等），可以与细小地物扣除工作结合，在每个区域内按照网格法抽样检查解译准确率，注意由于图像分辨率不同造成的混合像元和解译精度问题，抽样点地物类型的面积应该在图像的可分辨范围内。

第三，选择性利用GOOGLEEARTH的高分图像库，注意网上图像的时相，分辨率等问题，注意图像分辨率不同造成的误差。

第四，与相关统计部门的数据进行对比，注意数据获得方法不同造成的数据差。

2. 解译精度要求

各图斑要素的判读精度具体如下：一级分类＞95％，二级分类＞80％，三级分类＞70％。其通常的计算方法是：

$$准确率＝正确点位数/检查点位数×100\%$$

（六）生态评价计算过程中的质量控制

1. 土地利用类型的归并

《生态环境状况评价技术规范（试行）》（HJ/T192—2006）中某些类型需要全国土地利用/覆盖类型进行归并，主要是山区水田、丘陵水田、平原水田和35°坡的水田归并为水田，山区旱地、丘陵旱地、平原旱地和25°坡的旱地归并为旱地，疏林地和其他林地归并为一类，湖泊、水库坑塘和永久性冰川雪地归并为湖库，沙地和戈壁归并为沙地，滩地、滩涂和沼泽地归并为滩涂湿地，裸岩石砾地和其他未利用地归并为裸岩石砾。

2. 数据单位的统一

主要是指统计表中的数据，林地（有林地、灌木林地、疏林地、其他林地）、草地（高覆盖度草地、中覆盖度草地、低覆盖度草地）、耕地（水田、旱地）、水域湿地［河流（渠）、湖泊（库）、滩涂湿地］、建设用地（城镇建设用地、农村居民点、其他建设用地）、未利用地（沙地、盐碱地、裸土地、裸岩石砾、其他未利用地），近岸海域面积、土地侵蚀面积，单位均为平方公里，有效数字尽可能地长。河流长度的单位是公里，水资源量的单位是百万立方米，二氧化硫年排放量、COD年排放量、固体废物年排放量的单位均为吨。降水量的单位是毫米。

（七）生态评价报告编写过程质量控制

1. 报告组成

要求省级报告具备的基本部分有前言、区域概况、整体评价内容、典型区域和结论五部分。前言主要是背景介绍、项目由来、质量保障措施、评价方法、数据来源及准确率状况等。区域概况主要是对区域的自然生态、社会经济发展及其对生态的可能影响进行分析。整体评价内容中包括生态环境状况整体评价、分指数评价。典型区域分析要求根据区域特征而选定。报告的结论要简单、准确。

2. 整体要求

报告名称中的年份是工作年命名,即如 2022 年生态环境监测与评价工作是以 2021 年度的数据为基准,报告题目应该是"2022 年生态环境质量报告"。

生态报告要紧扣生态环境状况主线,在典型区域中要深入分析评价。报告的层次清晰,文字精练、简单、准确,结论严谨,报告内容部分的图、表形式简明,能直观、清楚地表征、说明报告中的结论。

四、生态环境监测中质量保证的措施

生态环境监测中质量保证的措施,主要有以下几个。

(一)建立生态环境监测质量保证制度

对全国生态环境监测数据产品实行过程检查和最终检查,实行"三级检查,两级验收"的检查验收制度。其中,过程检查包括作业人员的自检、互检、复检,每道工序检查合格后方可进入下道工序;最终检查包括国家组织互检验收与国家抽查验收。

1. 自检

由数据生产单位负责完成。数据生产过程中,针对数据获取、处理与分析等作业任务,技术人员除按照相关的技术要求严格执行外,还要对处理结果进行自检,自检覆盖率必须在 100%,数据质量合格率要求 100%,不合格数据产品要重新返工。

2. 互检

国家组织质控小组开展互检工作,以全国分组互查的方式进行,并形成检查意见反馈给相关数据生产单位,相关单位对照意见和建议进行修改,不能修改的需书面说明理由。检查内容包括遥感图像、解译数据、野外核查文字资料、野外核查图件等成果质量,质量检查记录和疑难问题的解决情况等,形成整改意见,返回相关省份。对于互检中数据质量优秀的省份将以正式文件通告表扬。

3. 复检

由国家组织技术人员对各省提交的监测数据进行抽样检查,检查内容包括遥感图像、解译数据、野外核查文字资料、野外核查图件等成果质量,坚持每省抽样 20% 的数据,针对冗检存在问题的整改,对相关情况重点进行检查。

对不能整改又不做书面说明的省份将发文通报。

4. 两级验收

这包括国家分组验收和最终验收。国家组织的互检中数据质量优秀的将直接验收通过。对于存在问题的省份整改后国家复检验收。

（二）分环节制定质量实施标准

针对全国生态环境监测与评价的各技术环节，规定质量实施措施和指标要求，主要包括原始图像数据质量控制、几何纠正质量控制、解译过程质量控制、野外核查质量控制、解译准确率检查与控制、生态评价过程质量控制、生态报告编写质量控制等。

（三）实施生态监测全流程管理

质量控制与管理范围贯穿生态环境监测与评价的全过程，主要包括方案论证、技术培训、工作检查等。其中，方案论证是指对全国生态环境监测与评价方案要经过初审、审批两级审查制度。技术培训是指统一组织全国生态环境监测与评价技术培训班，参加培训的主要是各省（自治区、直辖市）的生态监测技术人员，培训内容主要是遥感监测技术、生态评价方法等。工作检查是由中国环境监测总站组织专家对各省（自治区、直辖市）进行工作检查，根据各技术环节，抽查数据生产的规范性。

（四）逐步实施执证上岗制度

随着全国生态环境监测与评价工作的例行开展，生态监测将会成为环境监测的一个重要领域，将为生态环境管理提供更多的信息用于管理决策。因此，要求生态监测提供的数据真实可靠，而执证上岗制度要求上岗人员必须具备该岗位的最基本的上岗条件，这样可以保证从事生态监测的技术人员的技术水平和业务能力。

参考文献

[1] 魏惠荣,王吉霞. 环境学概论 [M]. 兰州:甘肃文化出版社, 2013.

[2] 杨永杰. 化工环境保护概论 [M]. 北京:化学工业出版社, 2001.

[3] 王佳佳,李玉梅,刘素军. 环境保护与水利建设 [M]. 长春:吉林科学技术出版社, 2019.

[4] 饶品华. 可持续发展导论 [M]. 哈尔滨:哈尔滨工业大学出版社, 2015.

[5] 孙骏. 环境监测知识百问 [M]. 北京:科学普及出版社, 2016.

[6] 刘德生. 环境监测 [M]. 北京:化学工业出版社, 2008.

[7] 刘雪梅,罗晓. 环境监测 [M]. 成都:电子科技大学出版社, 2017.

[8] 陈丽湘,韩融主. 环境监测 [M]. 北京:九州出版社, 2016.

[9] 李理,梁红. 环境监测 [M]. 武汉:武汉理工大学出版社, 2018.

[10] 隋鲁智,吴庆东,郝文. 环境监测技术与实践应用研究 [M]. 北京:北京工业大学出版社, 2018.

[11] 李广超. 环境监测 [M]. 北京:化学工业出版社, 2017.

[12] 王凯雄,童裳伦. 环境监测 [M]. 北京:化学工业出版社, 2011.

[13] 曾爱斌. 环境监测技术与实训 [M]. 北京:中国人民大学出版社, 2014.

[14] 李党生,付翠彦. 环境监测 [M]. 北京:化学工业出版社, 2017.

[15] 陈玲,赵建夫. 环境监测 [M]. 北京:化学工业出版社, 2014.

[16] 石碧清. 环境监测技能训练与考核教程 [M]. 北京:中国环境科学出版社, 2011.

[17] 郭晓敏,张彩平. 环境监测 [M]. 杭州:浙江大学出版社, 2011.

[18] 刘德生. 环境监测 [M]. 北京:化学工业出版社, 2011.

[19] 孙成. 环境监测实验 [M]. 北京:科学出版社, 2010.

[20] 季宏祥. 环境监测技术 [M]. 北京:化学工业出版社, 2012.